imaginist

想象另一种可能

理
想
国
imaginist

人生十论　　　　　　　　钱　穆 著

书海出版社
·太原·

图书在版编目（CIP）数据

人生十论 / 钱穆著. -- 太原：书海出版社，2024.1
ISBN 978-7-5571-0129-9

Ⅰ. ①人… Ⅱ. ①钱… Ⅲ. ①人生哲学－研究 Ⅳ. ① B821

中国国家版本馆CIP数据核字（2023）第 216780 号

人生十论

作　　者：	钱　穆
责任编辑：	孙宇欣
特约编辑：	赵　欣
复　　审：	李　鑫
终　　审：	贺　权
装帧设计：	董茹嘉
内文制作：	陈基胜

出 版 者：	山西出版传媒集团 · 书海出版社
地　　址：	太原市建设南路 21 号
邮　　编：	030012
发行营销：	0351-4922220　4955996　4956039 4922127（传真）
天猫官网：	https://sxrmcbs.tmall.com　电话：0351-4922159
E-mail：	sxskcb@163.com　发行部　sxskcb@126.com　总编室
网　　址：	www.sxskcb.com

经 销 者：	山西出版传媒集团 · 书海出版社
承 印 厂：	山东韵杰文化科技有限公司

开　　本：	787mm×1092mm　1/32
印　　张：	8
字　　数：	153 千字
版　　次：	2024 年 1 月　第 1 版
印　　次：	2024 年 1 月　第 1 次印刷
书　　号：	ISBN 978-7-5571-0129-9
定　　价：	58.00 元

如有印装质量问题请与本社联系调换

出版说明

钱穆先生著作简体版系列，经钱先生著作权合法继承人授权，以钱宾四先生全集编辑委员会所编、联经出版事业公司出版之《钱宾四先生全集》为底本，重排新校出版。

本书是钱穆先生所撰有关人生问题文稿之结集，一九五五年五月由香港人生出版社初版。一九八二年七月，先生修订全书，增添《人生三步骤》及《中国人生哲学》四讲，交由台北东大图书公司再版，联经本以此增订版为底本，新增《人之三品类》《身生活与心生活》《人学与心学》《谈谈人生》四篇。

二〇二四年一月

目录

自 序 / i
新版序 / vii

一　人生三路向 / 1
二　适与神 / 9
三　人生目的和自由 / 22
四　物与心 / 34
五　如何探究人生真理 / 50
六　如何完成一个我 / 65
七　如何解脱人生之苦痛 / 77
八　如何安放我们的心 / 90
九　如何获得我们的自由 / 104
一〇　道与命 / 117
一一　人生三步骤 / 122

一二　中国人生哲学（第一讲）/ 136
一三　中国人生哲学（第二讲）/ 154
一四　中国人生哲学（第三讲）/ 177
一五　中国人生哲学（第四讲）/ 192
一六　人之三品类（梓楼闲话之一）/ 209
一七　身生活与心生活（梓楼闲话之二）/ 215
一八　人学与心学（梓楼闲话之三）/ 220
一九　谈谈人生 / 226

自 序

或许是我个人的性之所近吧！我从小识字读书，便爱看关于人生教训那一类话。犹忆十五岁那年，在中学校，有一天，礼拜六下午四时，照例上音乐课。先生弹着琴，学生立着唱。我旁坐一位同学，私自携着一册小书，放坐位上。我随手取来翻看，却不禁发生了甚大的兴趣。偷看不耐烦，也没有告诉那位同学，拿了那本书，索性偷偷离开了教室，独自找一僻处，直看到深夜，要归宿舍了，才把那书送回那同学。这是一本曾文正公的《家训》。可怜我当时枉为了一中学生，连书名也根本不知道。当夜一宿无话，明天是礼拜日，一清早，我便跑出校门，径自去大街，到一家旧书铺，正在开卸门板，我从门板缝侧身溜进去，见着店主人忙问："有《曾文正公家训》吗？"那书铺主人答道："有。"我惊异地十分感到满意。他又说《家训》连着《家书》，有好几册，不能分开卖。那书铺主人打量我一番，说："你小小年纪，要看那样的正经书，真好呀！"我听他说，又像感到了一种不可名状的喜悦和光荣。他在书堆上检出了一部，比我昨夜所看，书品大，墨字亮，我更感高兴。他要价不过几角钱。我把书价照给了。他问："你是学生吗？"我答："是。""哪个学校呢？"我也说了。他说："你一清早从你学校来此地，想来还没有吃东西。"他留我在他店铺早餐，我欣然留下了。他和我谈了许多话，说：下次要什么书，尽来他铺子，可以借阅，如要买，决不欺我年幼索高价。以后我常常去，他这一本那一本的书给我介绍，成为我一位极信任的课外读书指导员。他并说："你只爱，便拿去。一时没有钱，不要紧，我记在账上，你慢慢地还。"转瞬暑假了，他说："欠款尽不妨，待明春开学你来时再说吧！"如是我因那一部《曾文正公家训》，结识了一位书铺老板，两年之内，买了他许多廉价的书。

似乎隔了十年，我在一乡村小学中教书，而且自以为已读了不少书。有一天，那是四月初夏之傍晚，独自拿着一本《东汉书》，在北廊闲诵，忽然想起曾文正公的《家书》《家训》来，那是十年来时时指导我读书和做人的一部书。我想，曾文正教人要有恒，他教人读书须从头到尾读，不要随意翻阅，也不要半途中止。我自问，除却读小说，从没有一部书从头通体读的。我一时自惭，想依照曾文正训诫，痛改我旧习。我那时便立下决心，即从手里那一本《东汉书》起，直往下看到完，再补看上几册。全部《东汉书》看完了，再看别一部。以后几十册几百卷的大书，我总耐着心，一字字，一卷卷，从头看。此后我稍能读书有智识，至少这一天的决心，在我是有很大影响的。

又忆有一天，我和学校一位同事说："不好了，我快病倒了。"那同事却说："你常读《论语》，这时正好用得着。"我一时茫然，问道："我病了，《论语》何用呀？"那同事说："《论语》上不说吗？'子之所慎，斋、战、疾。'你快病，不该大意疏忽，也不该过分害怕，正是用得着那'慎'字。"我一时听了他话，眼前一亮，才觉得《论语》那一条下字之精，教人之切。我想，我读《论语》，把这一条忽略了，临有用时不会用，好不愧杀人？于是我才更懂得《曾文正家训》教人"切己体察，虚心涵泳"那些话。我经那位同事这一番指点，我自觉读书从此长进了不少。

我常爱把此故事告诉给别人。有一天，和另一位朋友谈起了此事。他说："《论语》真是部好书，你最爱《论语》中哪一章？"这一问，又把我楞住了。我平常读《论语》，总是平着散着读，有好多处是忽略了，却没有感到最爱好的是哪一章。我只有说："我没有感到你这问题上，请你告诉我，你最爱的是哪一章呢？"他朗声地诵道："饭疏食，饮水，曲肱而枕之，乐亦在其中矣。不义而富且贵，于我如浮云。""我最爱诵的是这一章。"他说。我听了，又是心中豁然一朗，我从此读书，自觉又长进了一境界。

凡属那些有关人生教训的话，我总感到亲切有味，时时盘旋在心中。我二十四五岁以前读书，大半从此为入门。以后读书渐多，但总不忘那些事。待到中学大学去教书，许多学生问我读书法，我总劝他们且看像《曾文正公家训》和《论语》那一类书，却感得许多青年学生的反应，和我甚不同。有些人，听到孔子和曾国藩，似乎便扫兴了。有些，偶尔去翻《家训》和《论语》，也不见有兴趣，好像一些也没有入头处。在当时，大家不喜欢听教训，却喜欢谈哲学思想。这我也懂得，不仅各人性情有不同，而且时代风气也不同。对我幼年时有所启悟的，此刻别人不一定也能同样有启悟。换言之，教训我而使我获益的，不一定同样可用来教训人。

因此，我自己总喜欢在书本中寻找对我有教训的，但我却不敢轻易把自己受益的来教训人。我自己想，我从这一门里跑进学问的，却不轻易把这一门随便来直告人，固然是我才学有不足。而教训人生，实在也不是件轻松容易的事。

"问我何所有，山中惟白云。只堪自怡悦，不堪持赠君。"山中白云，如何堪持以相赠呢？但我如此读书，不仅自己有时觉得受了益，有时也觉得书中所说，似乎在我有一番特别真切的了解。我又想，我若遇见的是一位年轻人，若他先不受些许教训，又如何便教他运用思想呢？因此我总想把我对书所了解的告诉人，那是庄子所谓的"与古为徒"。其言："古之有也，非吾有也。"这在庄子也认为虽直不为病。但有时，别人又会说我顽固和守旧。我不怕别人说我那些话，但我如此这般告诉人，别人不接受，究于人何益呢？既是于人无益，则必然是我所说之不中。纵我积习难返，却使我终不敢轻易随便说。

十年前，我回故乡无锡，任教于一所私家新办的江南大学。那时，在我直觉中，总觉中国社会一时不易得安定，人生动荡，思想无出路。我立意不愿再跑进北平、南京、上海那些人文荟萃、大规模的大学校里去教书，我自己想我不胜任。我只想在太湖边上躲避上十年八年，立意要编著一部"国史新编"，内容分十大类，大体仿郑樵《通志》，而门类分别，则自出心裁，想专意在史料的编排整理上，做一番贡献。当时约集了几位学生，都是新从大学毕业的，指点他们帮我做剪贴抄写的工作。我把心专用在这上，反而觉得心闲无事，好像心情十分地轻松。太湖有云涛峰峦之胜，又富港汊村坞之幽。我时时闲着，信步所之，或扁舟荡漾，俯仰瞻眺，微及昆虫草木，大至宇宙人生，闲情遐想，时时泛现上心头。逸兴所至，时亦随心抒写，积一年，获稿八九万字，偶题曰"湖上闲思录"。我用意并不想教训人，更无意于自成一家，组织出一套人生或宇宙的哲学系统来。真只是偶尔瞥见，信手拈来之闲思。不幸又是时局剧变，消息日恶，我把一些约集来的学生都遣散了，"国史新编"束之高阁，《闲思录》也中辍了。又回到与古为徒的老路，写了一本《庄子纂笺》，便匆匆从上海来香港。

这一次的出行，却想从此不再写文章。若有一啖饭地，可安住，放下心，仔细再读十年书。待时局稍定，那时或许学问有一些长进，再写一册两册书，算把这人生交代了。因此一切旧稿笔记之类，全都不带在身边，决心想舍弃旧业，另做一新人。而那本《湖上闲思录》，因此也同样没有携带着。

哪知一来香港，种种的人事和心情，还是使我不断写文章。起先写得很少，偶尔一月两月，迫不得已，写上几百字，几千字。到后来，到底破戒了。如此的生活，如此的心情，怕会愈写愈不成样子。小书以及演讲录不算，但所写杂文，已逾三十余万言。去年忽已六十，未能免俗，想把那些杂文可搜集的，都搜集了，出一册"南来文存"吧！但终于没有真付印。

这一小册，则是文存中几篇写来专有关于人生问题的，因王贯之兄屡次敦促，把来编成一小册，姑名之曰"人生十论"，其实则只是十篇杂凑稿。贯之又要我写一篇自序，我一提笔便回忆我的《湖上闲思录》，又回想到我幼年时心情，拉杂地写一些。我只想告诉人，我自己学问的入门。至于这十篇小文，用意决不在教训人，也不是精心结撰想写哲学，又不是心情悠闲陶写自己的胸襟。只是在不安定的生活境况下，一些一知半解的临时小杂凑而已。

一九五五年五月钱穆识于九龙嘉林边道之新亚书院第二院

新版序

《人生十论》汇编成书在一九五五年之夏，迄今已二十七年。今于字句小有修订，重以付印。又随加附录两文。一为《人生三步骤》，乃一九七八年十一月在香港大学文学院之讲演辞。又一为《中国人生哲学》，乃一九八〇年六月在台北故宫博物院之讲演辞。因同属讨论人生问题，乃以集合成编。虽端绪各别，而大意则会通合一，读者其细参之。

一九八二年四月钱穆识于台北士林外双溪之素书楼

一　人生三路向

一

人生只是一个向往，我们不能想象一个没有向往的人生。向往必有对象。那些对象，则常是超我而外在。

对精神界向往的最高发展有宗教，对物质界向往的最高发展有科学。前者偏于情感，后者偏于理智。若借用美国心理学家詹姆士的话，"宗教是软心肠的，科学是硬心肠的"。由于心肠软硬之不同，而所向往发展的对象也相异了。

人生一般的要求，最普遍而又最基本者，一为恋爱，二为财富。故《孟子》说："食色性也。"追求恋爱又是偏情感，软心肠的；而追求财富则是偏理智，硬心肠的。

追求的目标愈鲜明，追求的意志愈坚定，则人生愈带有一种充实与强力之感。

人生具有权力，便可无限向外伸张，而获得其所求。

追求逐步向前，权力逐步扩张，人生逐步充实。随带而来者，是一种欢乐愉快之满足。

二

近代西方人生，最足表明像上述的这一种人生之情态。然而这一种人生，有它本身内在的缺憾。

生命自我之支撑点，并不在生命自身之内，而安放在生命自身之外，这就造成了这一种人生一项不可救药的致命伤。

你向前追求而获得了某种的满足，并不能使你的向前停止。停止向前即是生命空虚。人生的终极目标，变成了并不在某种的满足，而在无限地向前。

满足转瞬成空虚。愉快与欢乐，眨眼变为烦闷与苦痛。逐步向前，成为不断的扑空。强力只是一个黑影，充实只是一个幻觉。

人生意义只在无尽止的过程上，而一切努力又安排在外面。

外面安排，逐渐形成为一个客体。那个客体，终至于回向安排它的人生宣布独立了。那客体的独立化，便是向外人生之僵化。

人生向外安排成了某个客体，那个客体便回身阻挡人生之再向前，而且不免要回过头来吞噬人生，而使之消毁。

西洋有句流行语说"结婚为恋爱之坟墓",大可报告我们这一条人生进程之大体段的情形了。

若果恋爱真是一种向外追求,恋爱完成才始有婚姻。然而婚姻本身便要阻挡恋爱之再向前,更且回头把恋爱消毁。

故自由恋爱除自由结婚外,又包括着自由离婚。

资本主义的无限制进展,无疑的要促起反资本主义,即共产主义。

"知识即是权力",又是西方从古相传的格言。从新科学里产生新工业,创造新机械。机械本来是充当人生之奴役的,然而机械终于成为客体化了,于是机械僵化而向人生宣布独立了,人生转成机械的机械,转为机械所奴役。现在是机械役使人生的时代了。

其先从人生发出权力,现在是权力回头来吞噬人生。由于精神之向外寻求而安排了一位上帝,创立宗教,完成教会之组织。然而上帝和宗教和教会,也会对人生翻脸,也会回过身来,阻挡人生,吞噬人生。禁止人生之再向前,使人生感受到一种压力,而向之低头屈服。

西方人曾经创建了一个罗马帝国,后来北方蛮族把它推翻。中古时期又曾创建了一种圆密的宗教与教会组织,又有文艺复兴的大浪潮把它冲毁。

此后则又赖借科学与工业发明,来创建金圆帝国和资本主义的新社会,现在又有人要联合世界上无产阶级来把这一个体制打倒。

一 人生三路向

西方人生，始终挟有一种权力欲之内感，挟带着此种权力无限向前。

权力客体化，依然是一种权力，但像是超越了人类自身的权力了。于是主体的力和客体的力相激荡，相冲突，相斗争，轰轰烈烈，何等地热闹，何等地壮观呀！然而又是何等地反覆，何等地苦闷呀！

三

印度人好像自始即不肯这样干。他们把人生向往彻底翻一转身，转向人生之内部。

印度人的向往对象，似乎是向内寻求的。

说也奇怪，你要向外，便有无限的外展开在你的面前；你若要向内，又有无穷的内展开在你的面前。

你进一步，便可感到前面又有另一步，向外无尽，向内也无尽。人生依然是在无限向前，人生依然是在无尽止的过程上。或者你可以说，向内的人生，是一种向后的人生。然而向后还是向前一般，总之是向着一条无限的路程不断地前去。

你前一步，要感到扑着一个空，因而使你不得不再前一步。而再前一步，又还是扑了一个空，因而又使你再继续不断地走向前。

向外的人生，是一种涂饰的人生。而向内的人生，是一种洗刷的人生。向外的要在外建立，向内的则要把外面拆卸，把外面遗弃与摆脱。外面的遗弃了,摆脱了,然后你可走向内。换言之,你向内走进,自然不免要遗弃与摆脱外面的。

内向的人生,是一种洒落的人生,最后境界则成一大脱空。佛家称此为"涅槃"。涅槃境界究竟如何呢?这是很难形容了。约略言之,人生到达涅槃境界,便可不再见有一切外面的存在。

外面一切没有了,自然也不见有所谓内。"内""外"俱泯,那样的一个境界,究竟是无可言说的。倘你坚要我说,我只说是那样的一个境界,而且将永远是那样的一个境界。佛家称此为"一如不动"。

依照上述,向内的人生,就理说,应该可能有一个终极宁止的境界;而向外的人生,则只有永远向前,似乎不能有终极,不能有宁止。

向外的人生,不免要向外面"物"上用工夫;而向内的人生,则只求向自己内部"心"上用工夫。然而这里同样有一个基本的困难点,你若摆脱外面一切物,遗弃外面一切事,你便将觅不到你的心。

你若将外面一切涂饰统统洗刷净尽了,你若将外面一切建立统统拆卸净尽了,你将见本来便没有一个内。

你若说向外寻求是"迷",内明己心是"悟",则向外的一切寻求完全祛除了,亦将无己心可明。因此禅宗说:"迷即是悟,烦恼即是涅槃,众生即是佛,无明即是真如。"

如此般的人生,便把终极宁止的境界,轻轻地移到眼前来,所以说"立地可以成佛"。

四

中国的禅宗，似乎可以说守着一个中立的态度，不向外，同时也不向内，屹然而中立。可是这种中立态度，是消极的，是无为的。

西方人的态度，是在无限向前，无限动进。佛家的态度，同样是在无限向前，无限动进。你不妨说，佛家是无限向后，无限静退。这只是言说上不同。总之这两种人生，都有他辽远的向往。

中国禅宗则似乎没有向往。他们的向往即在当下，他们的向往即在"不向往"。若我们再把禅宗态度积极化，有为化，把禅宗态度再加上一种向往，便走上了中国儒家思想里面的另一种境界。

中国儒家的人生，不偏向外，也不偏向内。不偏向心，也不偏向物。他也不屹然中立，他也有向往，但他只依着一条中间路线而前进。他的前进也将无限。但随时随地，便是他的终极宁止点。

因此儒家思想不会走上宗教的路，他不想在外面建立一个上帝。他只说"人性由天命来"，说"性善"，说"自尽己性"，如此则上帝便在自己的性分内。

儒家说性，不偏向内，不偏向心上求。他们亦说"食色性也"，"饮食男女，人之大欲存焉"。他们不反对人追求爱，追求富。但他们也不想把人生的支撑点，偏向到外面去。

他们也将不反对科学。但他们不肯说"战胜自然""克服自然""知识即权力"。他们只肯说"尽己之性，然后可以尽物之性，而赞天地之化育"。他们只肯说"天人合一"。

他们有一个辽远的向往，但同时也可以当下即是。他们虽然认有当下即是的一境界，但仍不妨害其有对辽远向往之前途。

他们悬"至善"为人生之目标。不歌颂权力。

他们是软心肠的。但他们这一个软心肠，却又要有非常强韧而坚定的心力来完成。

这种人生观的一般通俗化，形成一种现前享福的人生观。

中国人常喜祝人有福，他们的人生理想好像只便在享福。

"福"的境界不能在强力战斗中争取，也不在辽远的将来，只在当下的现实。

儒家思想并不反对福，但他们只在主张"福""德"俱备。只有福德俱备那才是真福。

无限的向外寻求，乃及无限的向内寻求，由中国人"福"的人生观的观点来看，他们是不会享福的。

"福"的人生观，似乎要折损人们辽远的理想，似乎只注意在当下现前的一种内外调和心物交融的情景中，但也不许你沉溺于现实之享受。

飞翔的远离现实，将不是一种福；沉溺的迷醉于现实，也同样不是一种福，有福的人生只要足踏实地，安稳向前。

五

印度佛家的新人生观，传到中国，中国人曾一度热烈追求过。后来慢慢地中国化了，变成为禅宗，变成为宋明的理学。近人则称之为"新儒学"。

现在欧美传来的新人生观，中国人正在热烈追求。但要把西方的和中国的两种人生观亦来融化合一，不是一件急速容易的事。

中国近代的风气，似乎也倾向于向外寻求，倾向于权力崇拜，倾向于无限向前。但洗不净中国人自己传统的一种现前享福的旧的人生观。

要把我们自己的一套现前享福的旧人生观，和西方的权力崇拜向外寻求的新人生观相结合，流弊所见，便形成现社会的放纵与贪污，形成了一种人欲横流的世纪末的可悲的现象。

如何像以前的禅宗般，把西方的新人生观综合上中国人的性格和观念，而转身像宋明理学家般把西方人的融和到自己身上来，这该是我们现代关心生活和文化的人来努力了。

以上的话，说来话长，一时哪说得尽。而且有些是我们应该说，想要说，而还不知从何说起的，但又感到不可不说。我们应该先懂得这中的苦处，才能指导当前的人生。

（民国三十八年六月《民主评论》一卷一期）

二 适与神

一

西方人列举"真、善、美"三个价值观念,认为是宇宙间三大范畴,并悬为人生向往的三大标的。这一观念,现在几已成为世界性的普遍观念了。其实此三大范畴论,在其本身内含中,包有许多缺点。

第一,并不能包括尽人生的一切。

第二,依循此真、善、美三分的理论,有一些容易引人走入歧途的所在。

第三,中国传统的宇宙观与人生观,亦与此真、善、美三范畴论有多少出入处。

近代西方哲学家,颇想在真、善、美三范畴外,试为增列新范畴。但他们用意,多在上述第一点上。即为此三大范畴所未能包括的人生向往添立新范畴，他们并未能注意到上述之第二点，更无论于第三点。

德人巴文克（Bernhard Bavink）著《现代科学分析》，主张于真、善、美三范畴外，再加"适合"与"神圣"之两项。他的配列是："科学真，道德善，艺术美，工技适，宗教神。"他的用意，似乎也只侧重在上述之第一点。

本文作者认为巴氏此项概念，若予变通引扩，实可进而弥补上述第二第三两点之缺憾。中西宇宙观与人生观之多少相歧处，大可因于西方传统真、善、美三价值领域之外，增入此第四第五两个新的价值领域，而更易接近相融会。

下文试就上列宗旨略加阐述。

二

巴氏"适"字的价值领域，本来专指人类对自然物质所加的种种工业技术言。他说，根据经济原理，求能以最少的资力获得最好的效果者，斯为适。窃谓此一范畴大可引伸。人类不仅对自然物质有种种创制技巧，即对人类自身集团，如一切政治上之法律制度，社会上之礼俗风教等等，何尝不都是寓有发明与创造？何尝不都是另一种的作业与技巧呢？这些全应该纳入"适"字的价值领域内。

西方人从来对自然物质界多注意些，他们因此有更多物质工业上的发明与创造。东方人则从来对人文社会方面多注意些，因此他们对这一方面，此刻不妨特为巧立新名，称之曰"人文工业"或"精神工业"。在这方面，很早的历史上，在东方便曾有过不少的发明与创建，而且有其很深湛很悠久的演进。此层该从中国历史上详细举例发挥，但非本文范围，恕从略。因此中国人对此价值领域很早便已郑重地提到。儒家的所谓"时"，道家的所谓"因"，均可与巴氏之所谓"适"，意趣相通。

适于此时者未必即适于彼时。适于此处者未必即适于彼处。如此，则"适"字的含义，极富有"现实性"与"相对性"。换言之，"适"字所含的人生意味，实显得格外地浓厚。

我们若先把握住此一观念，再进一步将"适"字的价值领域，试与真、善、美的价值领域，互求融会贯通，则我们对于宇宙人生的种种看法，会容易透进一个新境界。而从前只着眼在真、善、美三分法上的旧观念，所以容易使人误入歧途之处，亦更容易明白了。

本来真善美全应在人生与宇宙之汇合处寻求，亦只有在人生与宇宙之汇合处，乃始有真、善、美存在。若使超越了人生，在纯粹客观的宇宙里，即不包括人生在内的宇宙里，是否本有真、善、美存在，此层不仅不易证定，而且也绝对地不能证定。

何以呢？真、善、美三概念，本是人心之产物。若抹去人心，更从何处来讨论真善美是否存在的问题？

然而西方人的观念，总认为真、善、美是超越人类的三种"客观"的存在。因其认为是客观的，于是又认为是绝对的。因其认为是绝对的，于是又认为是终极的。

其实，既称客观，便已含有主观的成分。有所观，必有其能观者。"能""所"一体，同时并立。观必有主，宇宙间便不应有一种纯粹的客观。

同样，绝对里面便含有相对，宇宙间也并没有一真实绝对的境界与事物。泯绝相对，即无绝对。中国道家称此绝对为"无"，即是说没有此种绝对之存在。你若称此种绝对为无，为没有，同时即已与"有"相对了。可见此种绝对的绝对，即真真实实的绝对，实在不存在，不可思议。只可在口里说，譬如说一个三角的圆形。

人们何以喜认真、善、美为客观，为绝对，为超越人生而存在呢？因你若说真、善、美非属纯客观，而兼有了人心主观的成分，只为一相对的存在。如是，则你认为真，我可认为假；你认为善，我可认为恶；你认为美，我可认为丑。反之，亦皆然。如是，则要求建立此三个价值领域，无异即推翻了此三个价值领域了。因此西方的思想家，常易要求我们先将此三个观念超越了人生现实，而先使之客观化与绝对化。让它们先建立成一坚定的基地，然后再回头应用到人生方面来。如是，似乎不可反抗，少流弊。而不幸另外的流弊，即随之而生起。

现在我们若为人生再安设一"适"的价值领域，而使此第四价值领域与前三价值领域，互相渗透，融为一体，使主观与客观并存，使相对与绝对等立，则局面自然改观。

三

试就"真"的一观念，从粗浅方面加以说明。大地是个球形，它绕日而转，这已是现代科学上的真理，无待于再论。然我们不妨仍然说，日从东出，从西落，说我此刻直立在地面而不动。此种说话，仍然流行在哥白尼以来的世界上一切人们的口边，日常运用，我们绝不斥其为不真。换言之，无异是我们直到今日，依旧在人生日常的有些部分，而且在很多的部分，还是承认地平不动、日绕地行的一种旧真理或说旧观念。如是，则同一事实，便已不妨承认有两种真理，或两种观念，而且是绝对相反的两种，同时存在了。

你若定要说我此刻乃倒悬在空中，以一秒钟转动十七英里之速度而遨游，闻者反而要说你在好奇，在作怪。可见天文学家所描述的真理，他本是在另一立场上，即天文学上。换言之，即另有一主观。科学家的真理，也并非能全抹去主观，而达到一种纯客观的绝对真理之境域。

根据物理学界最近所主张的相对论，世间没有一种无立场的真。"立场"便即是主观了。

会合某几种立场的主观，而形成一种客观，此种客观，则仍是有限性的，而非纯客观。在此有限场合中的客观真理，即便是此有限场合中之绝对真理。那种绝对也还是有限。换言之，也还是相对的。

人类所能到达的有限真理之最大极限，即是一种会合古往今来的一切人类的种种立场而融成的一种真理。然而此种真理，实在少得太可怜。若硬要我举述，我仅能勉强举述一条，恐怕也仅有此一条，即"人生总有死"。

这一条真理，仍然是人类自己立场上的有限真理。而且这一条真理，也并不能强人以必信。直到遥远的将来，恐怕还有人要想对此一条真理表示反抗，要寻求长生与不死。然而这一条真理，至少是人类有限真理中达到其最大限极的一条吧。

善与恶，美与丑，我此处不想再举例。好在中国古代《庄子》书中，已将此等价值观里面的相对性之重要，阐发得很透辟，很详尽。

四

说到庄子，立刻联想到近代西方哲学思想界之所谓"辩证法"。正必有反，正反对立发展而形成合。但合立刻便成为一个新的正，便立刻有一个新的反与之对立，于是又发展而形成另一个合。此种"正、反、合"的发展，究竟是有终极，还是无终极？单照这一个辩证法的形式看，照人类理智应有的逻辑说，这种发展应该是一个无终极。

如是，则又有新难题发生。

既有所肯定，便立刻来一个否定，与之相对立。超越这一个否定，重来一个新肯定，便难免立刻再产生一个新否定，再与此新肯定相对立。人类理智不断地想努力找肯定，但不断地连带产生了否定，来否定你之所肯定。最后的肯定，即上文所述绝对的绝对，无量遥远地在无终极之将来。则人类一切过程之所得，无异始终在一个否定中。

本来人类理智要求客观，要求绝对，其内心底里是在要求建立，要求宁定。而理论上的趋势，反而成为是推翻，是摇动，而且将是一种无终极的推翻，与无终极的摇动。只在此无终极的推翻与摇动之后面，安放一个绝对的终极宁止，使人可望不可即。

我们只有把"适"字的价值观渗进旧有的真、善、美的价值里面去，于是主观即成为客观，相对即成为绝对，当下即便是终极，矛盾即成为和合。

如是，则人生不将老死在当下的现实中而不再向前吗？是又不然。当下仍须是合于向往的当下，现实仍须是符于理想的现实。中国儒家所以要特选一"时"字，正为怕你死在当下，安于现实。当知"时"则决不是死在当下，安于现实的。

人生到底是有限，人生到底只是宇宙中一部分，而且是极小的一部分。你将求老死于此当下，苟安于此现实，而不可得。时间的大轮子，终将推送你向前。适于昔者未必适于今，适于今者未必适于后。如是，则虽有终极而仍然无终极。然而已在无终极中得到一终极。人类一切过程之所得，正使人类真有理智的话，将不复是一否定，而始终是一肯定了。将不复是一矛盾，而始终是一和合了。这一个肯定与和合，将在"适"字的第四价值领域中，由人获得，让人享受。

"适"字的价值领域，正在其能侧重于人生的"现实"。这一点已在上文阐述过。然而这一个价值领域，决非是绝对的，而依然是相对的，是有限的。依然只能限制在其自己的价值领域之内。越出了它的领域，又有它的流弊，又有它的不适了。

五

人生只是宇宙之一部分，现在只是过去未来中之一部分，而且此一部分仍然是短促狭小得可怜。

我们要再将第五种价值领域加进去，再将第五种价值领域来冲淡第四种价值领域可能产生之流弊，而使之恰恰到达其真价值之真实边际的所在者，便是"神"的新观念。

人生永永向前，不仅人生以外的宇宙一切变动要推送它向前，即人生之自有的内在倾向，一样要求它永永地向前。

以如此般短促的人生，而居然能要求一个无限无极的永永向前，这一种人性的本身要求便已是一个神。试问你不认它是神，你认它是什么呢？

以如此般短促的人生，在其无限向前之永无终极的途程中，而它居然能很巧妙地随其短促之时分，而居然得到一个

"适"，得到一种无终极里面的"终极"，无宁止里面的"宁止"。而这种终极，又将不妨害其无限向前之无终极。这种宁止，又将不妨害其永远动进之无宁止。适我之适者，又将不妨害尽一切非我者之各自适其适。试问这又不是一种神迹吗？试问你不认它是神，你又将认它是什么呢？

庄子可算是一位极端反宗教的无神论者吧，然庄子亦只能肯认此为神。惟庄子同时又称此曰"自然"。儒家并不推崇宗教，亦不尊信鬼神，但亦只有肯认此为神，惟同时又称此神迹曰"性"。

说自然，说性，不又要沦于唯物论的窠臼吗？然而中国人思想中，正认宇宙整体是个神，万物统体也是个神，万物皆由于此神而生，因亦寓于此神而成。于何见之？试再略说。

人生如此般渺小，而居然能窥测无限宇宙之真理，这已见人之神。

自从宇宙间的真理，络绎为人类所发现，而后人类又不得不赞叹宇宙到底是个神。

你若能亲临行阵，看到千军万马，出生入死，十荡十决，旌旗号令，指挥若定，你将自然会抽一口气说："用兵若是其神乎！"

你若稍一研究天文学，你若稍一研究生物学，你若稍一研究任何一种自然科学之一部门，一角落，你将见千俦万汇，在其极广大极精微之中，莫不有其极诡谲之表现，而同时又莫不有其极精严之则律，那不是神，是什么呢？

二 适与神

中国人把一个自然，一个"性"字，尊之为神，正是"唯物而唯神"。

六

上文所述的德人巴氏，他全量地分析了近代科学之总成绩，到底仍为整个宇宙恭而敬之地加送了它一个"神"字的尊号。这并不是要回复到他们西方宗教已往的旧观念与旧信仰上去。他也正是一个唯物而唯神的信仰者。

这是西方近代观念，不是巴氏一人的私见。中西思想，中西观念，岂不又可在此点上会合吗？

唯神而后能知神。真能认识神的，其本身便亦同样是一个神。知道唯物而唯神的是什么呢？这正是人的"心"。

但不知道神的，也还可与神暗合。这是性，不是心。

道家不喜言心；儒家爱言心，但更爱言"性"。因"心"只为人所"独"，"性"普为物所"共"。西方哲学界的唯心论，到底要从人心的知识论立场，证回到自然科学的一切发现上，也是这道理。

"美"字恕我不细讲。你若稍一研究天文，或生物，或任何一科学之一部门，一角落，你若发现其中之真理之万一，你便将不免失口赞叹它一句话，美哉美哉！造物乎！宇宙乎！

美与真同是宇宙之一体。中国人不大说到真，又不大说到美。中国人只说自然，只说性，而赞之曰"神"。这便已真能欣赏了宇宙与自然之美,而且已欣赏到其美之最高处。

七

现在剩下要特别一提的,只是一个"善"。

真是全宇宙性的,美是全宇宙性的,而善则似乎封闭在"人"的场合里。这一层是西方哲人提出真、善、美三范畴的观念所留下的一个小破绽。

康德以来,以真归之于科学,美归之于艺术,善归之于宗教。宗教的对象是神,神似乎也是全宇宙性的。然西方人只想上帝创世是一个善,并不说上帝所创世界的一切物性都是善。他们依然封闭在人的场合中,至多他们说上帝是全人类的,并不说上帝是整个宇宙,统体万物的。好像上帝创造此整个宇宙,一切万物,仅乃为人而造般。

一切泛神论者,乃至近代科学上的新创见,唯物而唯神论者,在此处也还大体侧重在从真与美上赋物以神性,不在善上赋物以神性。

上述的巴氏,改以神的观念归诸宗教,而以善的观念归诸"道德"。则试问除却人类,一切有生无生,是否也有道德呢?道德是不是人类场合中的一种产物呢?就其超越人生而在宇宙客体上看,是否也有道德之存在呢?这里显然仍有破绽,未加补缝的。

中国人则最爱提此一"善"字。中国人主张"尽人之性以尽物之性而赞天地之化育"。一个"善"字，弥纶了全宇宙。

不仅儒家如此，道家亦复如此。所以庄子说，"虎狼仁"。但又反转说，"天地不仁"。

这里仍还是一个主观客观的问题。

你若就人的场合而言，虎狼不见有道德，不见有善。你若推扩主观而转移到客观上，客观有限而无限，则万物一体，物性莫不善。宇宙整个是一个真，是一个美，同时又还是一个善。其实既是真的，美的，哪还有不善呢？而中国人偏要特提此"善"字，正为中国人明白这些尽在人的场合中说人话。天下本无离开主观的纯客观，则"善"字自然要成为中国人的宇宙观中的第一个价值领域了。

你今若抹去人类的主观，则将不仅不见宇宙之所谓善，又何从去得见宇宙之所谓真与美？你既能推扩人类的主观而认天地是一个真与美，则又何不可竟说宇宙同样又是一个善的呢？

八

从上述观点讲，"真、善、美"实在已扼要括尽了宇宙统体之诸德，加上一个"适"字，是引而近之，使人当下即是。加上一个"神"字，是推而远之，使人鸢飞鱼跃。

真、善、美是分别语，是"方以智"。适与神是会通语，是"圆而神"。

我很想从此五个范畴,从此五种价值领域,来沟通中西人的"宇宙观"与"人生观"。

(民国三十八年七月《民主评论》一卷三期)

三 人生目的和自由

一

整个自然界像是并无目的的。日何为而照耀？地何为而运转？山何为而峙？水何为而流？云何为而舒卷？风何为而飘荡？这些全属自然，岂不是无目的可言。

由自然界演进而有生物，生物则便有目的。生物之目的，在其生命之"维持"与"延续"。维持自己的生命，维持生命之延续。植物之发芽抽叶，开花结果，动物之求食求偶，流浪争夺，蚁营巢，蜂酿蜜，一切活动，都为上述二目的，先求生命之保存，再求生命之延续。生物只有此一目的，更无其他目的可言。而此一求生目的，亦自然所给与。因此生物之唯一目的，亦可说是无目的，仍是一自然。

生命演进而有人类。人类生命与其他生物的生命大不同。

其不同之最大特征，人类在求生目的之外，更还有其他目的存在。而其重要性，则更超过了其求生目的。换言之，求生遂非最高目的，而更有其他超人生之目的。有时遂若人生仅为一手段，而另有目的之存在。

当你晨起，在园中或户外作十分钟乃至一刻钟以上之散步，散步便即是人生，而非人生目的之所在。你不仅为散步而散步，你或者想多吸新鲜空气，增加你身体的健康。你或在散步时欣赏自然风物，调凝你的精神。

当你午饭后约友去看电影，这亦是一人生，而亦并非是你之目的所在。你并不仅为看电影而去看电影。你或为一种应酬，或正进行你的恋爱，或欲排遣无聊，或为转换脑筋，或为电影的本事内容所吸引。看电影是一件事，你所以要去看电影，则另有目的，另有意义。

人生只是一串不断的事情之连续，而在此不断的事情之连续的后面，则各有其不同的目的。人生正为此许多目的而始有其意义。

有目的有意义的人生，我们将称之为"人文"的人生，或"文化"的人生，以示别于自然的人生，即只以求生为唯一目的之人生。

其实文化人生中依然有大量的自然人生之存在。在你整天劳动之后，晚上便想睡眠。这并非你作意要睡眠，只是自然人生叫你不得不睡眠。睡眠像是无目的的。倘使说睡眠也有目的，这只是自然人生为你早就安排好，你即使不想睡眠，也总得要睡眠。

人老了便得死。死并不是人生之目的，人并不自己作意要死，只是自然人生为你早安排好了一个死，要你不得不死。

病也不是人生之目的，人并不想要病，但自然人生为他安排有病。

饥求食，寒求衣，也是一种自然人生。倘使人能自然免于饥寒，便可不需衣食，正如人能自然免于劳倦，便可不需睡眠，是同样的道理。

人生若只专为求食求衣，倦了睡，病了躺，死便完，这只是为生存而生存，便和其他生物一切草木禽兽一般，只求生存，更无其他目的可言了。这样的人生，并没有意义，不好叫它是人生，更不好叫它有文化。这不是人文，是自然。

文化的人生，是在人类达成其自然人生之目的以外，或正在其达成自然人生之目的之中，偷着些余剩的精力来干别一些勾当，来玩另一套把戏。

自然只安排人一套求生的机构，给与人一番求生的意志。人类凭着他自己的聪明，运用那自然给与的机构，幸而能轻巧地完成了自然所指示他的求生的过程。在此以外，当他饱了，暖了，还未疲倦，还可不上床睡眠的时候，在他不病未死的时候，他便把自然给与他的那一笔资本，节省下一些，来自作经营。西方人说，"闲暇乃文化之母"，便是这意思。

文化的人生，应便是人类从自然人生中解放出来的一个"自由"。人类的生活，许人于求生目的之外，尚可有其他之目的,并可有选择此等目的之自由,此为人类生活之两大特征,亦可说是人类生活之两大本质。

二

然而这一种"自由"之获得,已经过了人类几十万年艰辛奋斗的长途程。只有按照这一观点,才配来研究人类文化的发展史。也只有按照这一观点,才能指示出人类文化前程一线的光明。

若照自然科学家唯物机械论的观点来看人生,则人生仍还是自然,像并无自由可能。若照宗教家目的论的观点来看人生,则人生终极目的,已有上帝预先为他们安排指定,也无自由之可言。

但我们现在则要反对此上述两种观点。当你清晨起床,可以到园中或户外去散步,但也尽可不散步。当你午饭已毕,可以约友去看电影,但也尽可不约友不去看电影。这全是你的自由。

一切人生目的,既由人自由选择,则目的与目的之间,更不该有高下是非之分。爱散步,便散步。爱看电影,便看电影。只要不妨碍你自然人生的求生目的,只要在你于求生目的之外,能节省得这一笔本钱,你什么事都可干。这是文化人生推类至尽一个应该达到的结论。

人类一达到这种文化人生自由的境界,回头来看自然人生，会觉索然寡味，于是人类便禁不住自己去尽量使用这一个自由。甚至宁愿把自然人生的唯一目的，即求生目的也不要，而去追向这自由。所以西方人说，"不自由，毋宁死"。自杀寻死，也是人的自由。科学的机械论，宗教的目的论，都管不住这一个决心，都说不明这一种自由。

自杀是文化人生中的一件事，并非自然人生中的一件事。自然人生只求生，文化人生甚至有求死。求死也有一目的，即是从自然人生中求解放，求自由。

若专从文化人生之自由本质言，你散步也好，看电影也好，自杀也好，全是你的自由，别人无法干涉，而且也不该干涉。目的与目的之间，更不必有其他评价，只有"自由"与"不自由"，是它中间唯一可有的评价。

然而一切问题，却就从此起。惟其人类要求人生目的选择之尽量的自由，所以人生目的便该尽量地增多，尽量地加富。目的愈增多，愈加富，则选择愈广大，愈自由。

两个目的由你挑，你只有两分自由。十个目的由你挑，你便可有十分自由。自然则只为人类安排唯一的一个目的，即求生，因此在自然人生中无自由可言。除却求生目的之外的其他目的，则全要人类自己去化心去创造，去发现。然而创造发现，也并不是尽人可能，也并不是一件轻易的事。所以凡能提供文化人生以新目的，来扩大文化之自由领域者，这些全是人类中之杰出人，全应享受人类之纪念与崇拜。

文化人生的许多目的，有时要受外面自然势力之阻抑与限制，有时要在人与人间起冲突，更有时在同一人的本身内部又不能两全。你要了甲，便不能再要乙。你接受了乙，又要妨碍丙。文化人生的许多的目的中间，于是便有"是非""高下"之分辨。一切是非高下，全从这一个困难局面下产生。除却这一个困难局面，便无是非高下之存在。换言之，即人生种种目的之是非高下，仍只看他的自由量而定。除却自由，仍没有其他评判一切人生目的价值之标准。也不该有此项的标准。

三

让我举一个评判善恶的问题来略加以说明。"善恶"问题，也是在文化人生中始有的问题。人类分别善恶的标准，也只有根据人类所希获得的人生自由量之大小上发出。若舍弃这一个标准，便也无善恶可言。

这番理论如何说的呢？

在自由界，根本无善恶。一阵飓风，一次地震，淹死烧死成千成万的人，你不能说飓风地震有什么恶。一只老虎，深夜拖去一个人，这老虎也没有犯什么罪，也没有它的所谓恶。

在原始社会里的人，那时还是自然人生的成分多，文化人生的成分少，杀人不算一回事。文化人生曙光初启，那时能多杀人还受人崇拜，说他是英雄，甚至赞他是神圣。直到近代，一面发明原子弹，一面提倡全民战争，还要加之以提倡世界革命，把全世界人类卷入战争漩涡，连打上十年八年乃至几十年的仗，杀人何止千万万万，也还有人在煽动，也还有人在赞助，也还有人在崇拜，也还有人在替他们辩护。这些也是人类自己选择的自由呀！你哪能一笔抹杀，称之为恶。这并不是故作过分悲观的论调。当面的事实，还需我们平心静气来分析。

但从另一方面言，一个人杀一个人，压抑了人家的自由，来满足他自己的自由，在人类开始觉悟自由为唯一可宝贵的人生本质的时候，便已开始有人会不能同情于这般杀人的勾当。孟子曾说过："杀一人而得天下，不为也。"他早已极端反对杀人了。但他又说："闻诛一夫纣矣。"这岂不又赞成杀一个人来救天下吗？救天下与得天下，当然不可相提并论。然而杀人的问题，其间还包含许多复杂的意味，则已可想而知。

然而我们终要承认杀人是一件大恶事。我们总希望人类，将来能少杀人，而终至于不杀人。明白言之，从前人类并不认杀人是恶，渐渐人类要承认杀人是恶，将来人类终将承认杀人是大恶，而且成为一种无条件无余地的赤裸裸的大恶。这便是上文提过的人类文化人生演进路程中可以预想的一件事。这是我们文化人生演进向前的一个指示路程的箭头。

让我再稍为深进一层来发挥这里面的更深一层的涵义。杀人也是人类在没有更好办法之前所选择的一种办法呀！人类在无更好办法时来选择杀人之一法，这也已是人类之自由，所以那时也不算它是一种恶。幸而人类终于能提供出比杀人更好的办法来。有了更好的办法，那以前的办法便见得不很好。照中国文字的原义讲，恶只是次一肩的，便是不很好的。若人类提供了好的办法，能无限进展，则次好的便要变成不好的。"恶"字的内涵义，便也循此转变了。

你坐一条独木船渡河，总比没有发明独木船的时候好。那时你在河边，别人贡献你一条独木船，你将感谢不尽。后来花样多了，有帆船，有汽船，安稳而快速得多了。你若在河边唤渡，那渡人隐藏了汽船，甚至靳帆船而不与，他竟交与你一条独木船，那不能不说他含有一番恶意，也不能不说这是件恶事。

论题的中心便在这里了。若没有文化的人生，则自然人生也不算是恶。若没有更高文化的人生，则浅演文化的人生，也不好算是恶。正为文化人生愈演而愈进，因而恶的观念，恶的评价，也将随而更鲜明，更深刻。这并不是文化人生中产生了更多的恶，实乃是文化人生中已产生了更多的"善"。

四

让我们更进一步说，其实只是更显豁一层说，我们将不承认人类本身有所谓恶的存在，直要到文化人生中所不该的始是恶。恶本是文化人生中的一件事，而问题仍在他自由选择之该当与不该当。没有好的可挑，只有挑次好的。没有次好的，只有挑不好的。当其在没有次好的以前，不好的也算是好。能许他有挑选之自由,这总已算是好。而且他也总挑他所觉得为好的。那是他的自由。那便是文化人生之起点,也是文化人生之终点。那便是文化人生之本质呀!

你要人挑选更好的,你得先提供他以更好的。谁能提供出更好的来呢?人与人总是一般,谁也不知道谁比谁更能提供出更好的,则莫如鼓励人大家尽量地提供,大家自由地创新。这初看像是一条险路。然而要求文化人生之演进,却只有这条路可走。你让一个人提供,不如让十个人提供。让十个人提供,不如让一百个人提供。提供得愈多,挑选得愈精。精的挑选得多了,更要在精与精之间再加以安排。上午散步,下午便看电影,把一日的人生,把一世的人生,把整个世界的人生,尽量精选,再把它一切安排妥贴,那不知是何年何月的事。然而文化人生则只有照此一条路向前。

人类中间的宗教家、哲学家、艺术家、文学家、科学家,这些都是为文化人生创造出更好的新目的,提供出更好的新自由,提供了善的,便替换出了恶的。若你有了善的不懂挑,则只有耐心善意地教你挑,那是教育,不是杀伐与裁制。在宗教、哲学、文学、艺术、科学的园地里,也只有"教育",没有杀伐与裁制。

佛经里有一段故事,说有一个恋爱他亲母而篡弑他亲父的,佛说只要他肯皈依佛法,佛便可为他洗净罪孽。这里面有一番甚深涵义。即佛家根本不承认人类本身有罪恶之存在,只教人类能有更高挑选之自由。一切宗教的最高精神都该如是的。哲学家、文学家、艺术家、科学家的最高精神，也都该如是。

若说人类本身有罪恶，便将不许人有挑选之自由，窒塞了人类之自由创造，自由提供，不让人类在其人生中有更好的发现与更广的寻求，那可以算是一种大罪恶。而且或许是人类中间唯一的罪恶吧！固然，让人尽量自由地挑选，自由地创新，本身便可有种种差误，种种危险的。然而文化人生之演进，其势免不了差误与危险。便只有照上述的那条险路走。

五

根据上述理论，在消极方面限制人，压抑人，决非文化人生进程中一件合理想的事。最合理想的，只有在正面，积极方面，诱导人，指点人，让人更自由地来选择，并还容许人更自由地提供与创造。

你试想，若使人类社会到今天，已有各种合理想的宗教，合理想的哲学，与艺术，与科学，叫人真能过活着合理想的文化人生，到那时，像前面说过的杀人勾当，自然要更见其为罪大而恶极。然而在那时，又哪里会还有杀人的事件产生呢？

正因为，直到今天，真真够得上更好的人生新目的的，提供得不够多，宗教、哲学、艺术、文学、科学，种种文化人生中应有的几块大柱石，还未安放好，还未达到理想的程度，而且有好些前人早已提供的，后人又忘了，模糊了，忽略了，或是故意地轻蔑了，抛弃了，遂至于文化的人生有时要走上逆转倒退的路。更好的消失了，只有挑选次好的。次好的没有了，只有挑选不好的。

人类到了吃不饱，穿不暖，倦了不得息，日里不得好好活，夜里不得好好睡，病了不得医，死了不得葬，人类社会开始回复到自然人生的境界线上去，那竟可能有人吃人。到那时，人吃人也竟可能不算得是恶，那还是一种人类自由的选择呀！

局面安定些了，乱国用重典，杀人者死，悬为不刊之大法。固然法律决非是太平盛世理想中最可宝贵的一件事，人文演进之重要关键不在此。

若使教育有办法，政治尚是次好的。若是政治有办法，法律又是次好的。若使法律有办法，战争又是次好的。只要战争有办法，较之人吃人，也还算得是较好的。

依照目前人类文化所已达到的境界，只有宗教、哲学、文学、艺术、科学，都在正面诱导人，感化人，都在为人类生活提供新目的，让人有更广更深的挑选之自由，都还是站在教育的地位上，那才能算是更好的。政治法律之类，无论如何，是在限制人、压抑人，而并不是提供人以更多的自由，只可管束人于更少的自由里，只能算是次好的。战争杀伐，只在消灭对方人之存在，更不论对方自由之多少，那只能算末好的。

至于到了人吃人的时代，人类完全回到它自然人生的老家去，那时便只有各自求生，成为人生之唯一目的。那时则只有两个目的给你挑，即是"生"和"死"。其实则只有一个目的，叫你尽可能地去求生。到那时，便没有什么不好的，同时也不用说，到那时是再也没有什么好的了。

（一九四九年十一月《民主评论》一卷十期）

四　物与心

一

世界之大，千品万俦，繁然杂陈。然而简单地说来，实在可以说，只有两样东西存在着。这两样东西，即是"物"与"心"。当世界方始，根据近代科学家研究，那时尚只有物，而还没有心。虽照宗教家说，此宇宙先有心，先有上帝来创造此世界。但此说仅是一种宗教信仰。就目前人类知识，还无法证实它。

一俟我们这个地球，自太阳系分散出来以后，不知经历几何年代，才产生了生命。但生命的起源究竟在哪里？还是从别的星球中飘落来的，抑或在此地球上，那一时所有的物质，在某种境况中，自己酝酿化生而有的？这在今日，还是一个未获解答的问题。但先有物质，后有生命，则似已有明证，无需怀疑了。而且生命必须寄托于物质，生命若离开物质，即无从表现其为生命。到目前止，我们还没有发现能离开物质而自行独存的生命。这也是常识所易了的。

至于生命是否就是心，有了生命是否即有心，这事亦还邃难论断。但就一般事实说，就现在人类常识言，有生命的不一定就有心。例如植物有生命，不好说植物已有心。但动物有生命，同时也有心。依据这些事实，我们至少暂时可以如此说，"没有生命，即不可能有心"。犹如没有物质，即不可能有生命一般。心必须寄托于生命中，犹如生命必须寄托于物质中。这也是我们人类今天一般的常识。若说先有心而后有生命，先有生命而后有物质，只在西方的宗教信仰里有如此讲法。有许多哲学家，也在如此讲，但在科学上则此讲法并不能证实。

最近二三十年来，西方科学家研究原子学，知道所谓物质，也只是一些原子的活动，而并不像原先所想的物质那样地存在。或许若干年后，人类又可能创立出一种新宗教，或新哲学，像最近西方有一辈科学家所努力，所模糊想象的，所谓科学的"新唯心论"。到那时，或许人类对于物质生命与心，可有一种较新的，与今不同的讲法。但到目前为止，我们殊不能轻易推翻此宇宙先有"物"，后有"生命"，再有"心"的那一番常识的判断。

二

现在有一个问题，就是人的心和动物的心是否有不同？我这里所说动物一词之含义，并非如生物学上动物一词含义之严格，而仅系就一般意义言。乃指除开人类以外之其他动物言。今若谓人心和动物心，容可有不同，则其不同处又何在？至少在目前，我们决无人承认人心与鸡心、狗心全相同。我此刻也并不想根据生物学、心理学所讲来精细地辨析，我还是仅就现在人类的常识来判断，人心与一般动物心，实在确有些不同处。而且还可说，那些不同处，实是不同得既深而且大。

我们刚才说过，没有物质，生命即无从存在；没有生命，心即无从存在。由"物质"演化出"生命"，生命即凭借于物质；由"生命"演化出"心"，心即凭借于生命。此刻说到我们的身躯，也只该算它是一些物质，它是我们生命所凭以活动而表现的一种工具，却不能说生命本身即是那身体。然则什么才是生命呢？这一问，似乎问入玄妙了。

让我们姑且浅言之，我们与其说身体是我们的生命，不如说我们的一切"活动"与"行为"，才是我们的生命。至少我们可以说，生命并不表现在身体上，而是表现在身体之种种活动与行为上。我们只是运用我们的身躯来表现我们的一切活动与行为，换言之，则是表现我们的生命。因此，可以说身体只是生命的工具。如我们日常讲话做事，那都是我们生命之表现，即成为我们生命之一节，或一环。但讲话做事，决非听从身体所驱使，而是听从心灵的指挥。

"心"与"生命"之究竟分别点在哪里，此问题不易急切作深谈。但人类才始能运用心灵来表现它生命的一项常识，则暂时似可首肯我们来作如此的说法的。

依此来说，"物质""生命""心灵"，三者间的动作程序，就人类言，又像是心最先，次及生命，再次及身体即物质。因于此一观点，我们所以说，宇宙间，心灵价值实最高，生命次之，而物质价值却最低。换言之，最先有的价值却最低，最后生的价值却最高。

但心灵价值虽高，它并无法离开较它价值为低的生命，生命也不得不依赖较它价值又低的身躯。如是则高价值的不得不依赖于低价值的而表现而存在，因此高价值的遂不得不为低价值的所牵累而接受其限制，这是宇宙人生一件无可奈何的事。

三

现在另有一问题，心灵能否不依赖生命，生命能否不依赖物质呢？譬如我们停留在这屋子里，我们不能离开这屋子，我们就受了这屋子的限制。但此屋子必然会塌倒，我们能否在此屋子将塌之前先离开此屋子呢？我们能不能让生命离开身体而仍然存在，而仍有所表现呢？这是生命进化在理论上应该努力的一个绝大的问题。

让我们再先从浅处说，如一切生物之传种接代，老一辈的生命没有死，新一辈的生命已生了，这即是生命想离开此身体而活动而存在的一种努力之成绩。又如生物进化论上所宣示，老的物种灭迹了，新的物种产生了。生命像在踏过那些凭依物而跳跃地向前。其实心灵之于生命，依我看来，正也有类此的趋势。人心和动物心之不同处，似乎即在人的心可以离开身体而另有所表现。也可说，那即是人的生命可以离开身体而表现之一种努力之所达到的一种更是极端重要之成绩。

例如这张桌子吧，它仅是一物质，但此桌子的构造、间架、形式、颜色种种，就包括有制造此桌子者之心。此桌子由木块做成，但木块并无意见表示。木块并不要做成一桌子，而是经过了匠人的心灵之设计与其技巧上之努力，而始得完成为一张桌子的。所以这桌子里，便寓有了那匠人的生命与匠人的心。换言之，即是那匠人之生命与匠人之心，已离开那匠人之身躯，而在此桌子上寄托与表现了。我们据此推广想开去，便知我们当前一切所见所遇，乃至社会形形色色，其实全都是人类的"生命"与"心"之表现，都是人类的生命与心，逃避了小我一己之躯壳，即其物质生命，而所完成之表现。狗与猫的生命与心，只能寄附在狗与猫之身躯之活动。除此以外，试问又能有何其他表现而继续存在呢？

上面所举，还只就人造物而言，此刻试再就自然界言之。

当知五十万年前的洪荒世界，那时的所谓自然界，何尝如我们今天之所见？我们今天所见之自然，山峙水流，花香鸟语，鸡鸣狗吠，草树田野，那都已经过了五十万年来人类生命不断之努力，人类心灵不断的浇灌与培养。一切自然景象中，皆寓有人类的生命与心的表现了。再浅言之，即是整个自然界，皆已受了人类悠久文化之影响，而才始形成其如今日之景象。若没有人类的生命与心灵之努力渗透进去，则纯自然的景象，决不会如此。

所以我们可以如此说，在五十万年以前的世界，我们且不论，而此五十万年以来的世界，则已是一个"心""物"交融的世界，已是一个"生命"与"物质"交融的世界，已是一个"人类文化"与"宇宙自然"所交融的世界了。换言之，已早不是一个无生命无心灵的纯物质世界，那是个千真万确，无法否认的。

四

以上所说，主要只求指出人类的生命与心，确可跳出他的身躯而表现，而继续地存在。现在我们要问，为何鸡狗禽兽的心，跳不出它们的身体，即物而表现，而存在？而人类独能之呢？关于这一层，我们仍将根据现在人所有的常识，来试加以一种浅显易明的解答。

人有脑，狗也有脑；人有心，狗也有心。但人有两手和十指，狗没有，其他一切动物禽兽都没有。因为人有两手，所以才能制造种种的器具，所以才能产出种种的工业，人类文化，才能从石器时代进化到铜器时代、铁器时代，乃至煤呀、电呀，和原子能呀，而形成了今日世界的文明。依照马克斯说法，从石器到原子能，这一切，都叫做人类的"生产工具"。而且他又说，生产工具变，人类社会一切也随之而变。因此他说只是"物决定了心"。

但我要再三地说明，我们的身体，也只是物质，我们的生命，仅是借身体而表现，我们凭借于身体之一切活动与作为，而使生命继续地向上与前进，所以身体也只是一种工具。但试问，这种工具是否即可名之为生产工具呢？耳朵用来听，鼻子用来嗅，眼睛用来看，嘴巴用来饮食和说话，人身上每一种器官，在生命意义上说来，都有它的一种用处。人身上每一种器官，都代表着人类生命所具有的一种需要与欲望。

中国理学家所说的"天理"，浅说之，也就指的这些人类生命所固有的需要与欲望。有需要、有欲望，便有配合上这种需要与欲望的器官在人身上长成。所以中国的理学家要说"性即理"。当知生命要看才产生了眼睛，要饮食和说话，才产生了嘴巴。人身一切器官皆如此。因此，为要求使用外物，支配外物，才又产生了两手和十指。

依照这个道理说，身体实为表现生命的工具，却决不可称之为生产工具。同样道理，直从石器、铜器、铁器，而到原子能，实在也都是我们人类的生命工具，哪可仅说是生产工具呢？

我们畏寒怕热，要避风雨和阳光，所以居住在房屋里，好借以维持我们适当的体温。人身皮肤的功用，本来就是保持体温的，所以房屋犹如我们的皮肤。衣服的功用也相似。所以衣服房屋，全都似乎等于我们的皮肤，此乃是我们皮肤之变相与扩大。我们在室内要呼吸新鲜空气，所以得开窗户，窗户也等如我们的鼻子。关着窗，便如塞着鼻子觉闷气。我们在室内，又想看外景，窗户又等如我们的眼睛。闭着窗，便如蔽着眼，外面一些也见不到。我们该说，这一切东西，都是我们生命的工具，难道你都能叫它们作生产工具吗？

唯物论者的马克斯，把人的两手，也看做生产工具了，才成就了他的"唯物史观"。所谓"生产工具"这一名词，本来只是经济学上的名词，马克斯只是研究经济学中的一家一派。他用某一部门的学术头脑来讲全部人生，便自然会错了。

我们穿衣服，衣服即等如我们的皮肤。我们用这杯子喝水，这杯子就等如我们的双手。太古时代人没有杯子，便只可双手掬水而饮了。我们现在有了此杯子，水可放杯子里，不再用双手掬，岂不是那杯子便代替了我们的双手吗？同样道理，汽车等如是我们行走在陆地上的脚，船等如是我们行走在水面上的脚，飞机等如是我们行走在天空中的脚。皮肤吧、手吧、脚吧、身体上的一切，我们都可说它是生命的工具。因此，衣服呀、杯子呀、车呀、船呀，我们也说它是生命工具了。

四 物与心　41

中国古人说"天地万物,与我一体"。正因为人的心,能不专困在自己的身躯里,人的生命也能不专困在自己的身躯里。因于人的心灵之活动,而使人的身躯也扩大了,外面许多东西,都变成了我身躯之代用品,那不啻是变相的身躯。因此,我的心与生命,都可借仗这些而表现而存在。人的手和足,显然不单是一种具有经济意义的生产工具,而更要的乃是我们的生命工具呀!

若照马克斯理论推演去,则人身也将全成为生产工具,连人生也将全成为生产工具了。那岂不将成为宇宙之终极目标与其终极意义,便只在生产吗?这话无论如何也讲不通。当知天地万物,皆可供人类生命作凭借而表现,皆可为人类生命所寄托而存在。因此天地万物,皆可为人类生命之活动与扩大。即就生产论,当知是为了生命才始要生产,不是为了生产才始要生命的。

由上所言,可知生命之存在于宇宙间,其价值实高出于物质之上。物质时时变坏,而生命却能跳离此变坏之物质而继续地存在。所以生命像是凭依于一连串的物质与物质之变坏间而长存了。再用杯子作例,杯子犹如我们的双手,我们双手随身,却不能割下假借别人用,而此杯子则人人皆得而使用之。我们的皮肤,也无法剥下赠送人,但衣服则可借赠与任何人穿着。这乃是人类生命工具之变进,人类生命工具之扩大,也即是人类生命工具之融和。私的工具变成了公的工具。一人独有的工具,变成了大家共有的工具。所以说是工具之融和。而马克斯又说成为工具之斗争和夺取了。

当知，正因人类生命工具之扩大变进与融和，而成为人类生命本身之变进、扩大与融和。人类生命经此不断的变进扩大与融和，才始得更为发扬而长存。这便是所谓人类的文化。人类文化则决不是唯物的，而是心物交融，生命与物质交融的。

五

人身除了双手之外，还有一件东西异于其他动物的，那就是人的一张"嘴"。马克斯见手不见嘴，知其一，不知其二。这因马克斯只是一个研究经济学的人，经济现象只占人生文化中的一部分，马克斯的学说，却又只是经济学中的一小支派，他自然不能了解人类文化之大全体。

我们刚才说，心跳进瓷土，就造成了杯子，心跳进棉麻，就造成了衣服。人类心灵这一种跳离身躯而跑进外物的努力，都得经过双手的活动而实现，而完成。现在我们说到嘴，却使我们的心，跳离身躯而跑入别人的心里去。猴子鸡狗都有心，它们也知有喜怒哀乐，它们也能有低级的思维。所惜的，是它们的一张嘴，不能把此心所蕴来传达给别个心。因此它们的心，跳不出它们的躯体，跑不进别个躯体的心里去。我们大家都知道，表现内心情感知识一种最好的途径是声音，声音能表现我心，表现得纤细入微。人有了一张嘴，运用喉舌，发出种种声音，内心的情感与知识，得以充分表现，让别人知道我此心。人类一切的内心活动，均赖语言为传达。所谓传达者，即是跳出了我此躯体，而钻入别个人的心里去，让别人也知道。若作生产工具看，试问人的那张嘴，又能生产些什么呢？果照马克斯理论，嘴该是没有经济价值的。因此手的活动在历史上能把来划时代，而嘴的活动，便没有这样的作用与分量了。那岂不是知其一，不知其二吗？

人类又经嘴和手的配合并用，用手助嘴来创造出文字，作为各种声音之符号。人类有了文字以后，人的心灵更扩大了，情感、思维、理智种种心能无不突跃地前进。这真是人类文化史上一个划时代的大标记。譬如说，人类有语言，是人类文化跃进一大阶程。人类有文字，又跃进一阶程。人类有印刷术，又跃进一阶程。但在马克斯的唯物史观与生产工具的理论下，这些便全没有地位来安放了。

从前中国有一个故事，说有一仙人，用小笼子装鹅，笼子小，只像能装一只鹅，但再添装千万只鹅进那笼子，也尽不妨，尽能容，那鹅笼子能随鹅群之多少而永远容纳进。但却并不见那鹅笼子放大了。今天人类的心量，也正如那仙人装鹅的小笼。别人心里之所有，尽可装入我心里，上下古今，千头万绪，愈装进，心量愈扩大。但心还是那心，并不是真大了。这不是神话，却是日常的实况呀。

即就我们今天的日常生活言，种种衣物用具，表面看，岂不是都由我们这一代人自己做成吗？但仔细想，便知其不如此。这已是几千年来，经过千千万万人心灵之创制改进累积而成有今日。所以我们一人之心，可变成千万人之心。如某人发明一新花样，人人可以模仿他。而千千万万人之心灵，也可变成为一人之心。如某一人之创制发明，其实还是承袭前人的文化遗产而始有。又如我一人造一杯，万人皆可用。一人写一本书，万人皆可读。而任何一人，也可用万种器具，读万卷书。

诸位当知，鸡狗并不是无心、无智慧、无情感，无奈它们缺乏了我上述的那种用来表现心灵传达心灵之工具。因此，它们最多也只能表现它们的心灵，在它们自己那个躯壳里。人类则不然。如人类运用数字计算，最艰难的数学题，也可用笔来解决。若使以前人没有数字发明，即最浅易的算题，有时也会算不清。我们因此也可说，那些数字，便是我们人类的新脑。是我们人类自创的文化脑。不知哪时代人发明了数目字，从此却成为人类计算一切的一种新脑子。所以数目字也同脑一般，是我们计算的工具，也同脑一般，是我们的生命工具了。现在人发明有电脑，此"电脑"二字，却是很恰当的。电脑也是生命工具，非生产工具。

即如爱因斯坦吧，若没有前人发明供他来利用，他也无从发明他的相对论。所以爱因斯坦的脑子，实在是把几千年来人的脑子，关于此一问题之思维所得，统统装进他脑子里，变成了他的"大脑子"，这脑子自然要更灵敏，胜过宇宙天赋我们的自然脑。此刻爱因斯坦死了，有人把他脑子解剖，也和平常人类一般的，但这只解剖了他的自然脑，没有能解剖他的文化脑。他的文化脑，岂不正像我上面所说的那位仙人的鹅笼吗？

但我们更应该说，电脑绝非是人的文化脑。倘要把电脑来代替人的文化脑，如欲用机器人来代替真人，而不知其间的差别，这又将是他日的一大错误。

再说如记忆吧，你的脑子记不清，写一行两行字，便记住了。那一行两行字，也是你的生命工具，也是你的文化脑。而且那一行两行字，不仅替你记忆，也还能替一切人记忆。一切人看见此一行两行字，便都会记起那一行两行字中之所记，所以那一行两行字，也便变成了千万人之公脑了。千万人之公脑，又能变成一个人的私脑。如人走进图书馆，千万人所记，随手翻阅，都可记上他心来。这便是语言文字之功，也即是那一张嘴的功。

六

我还要进一步说明，我的身体与你的身体虽然是不同，而我们的生命则尽可融和为一的。这如何说法呢？试让我再举一例来说明。人与鸡狗岂不都有雌雄之分吗？但人却有夫妻婚姻制度之创建。这种夫妻婚姻制度，乃由人类生命中的一种艺术与欲望之配合而产生。从单纯的动物雌雄之别，进而为人类的夫妻的婚姻制，这里面有一种要求在促成。这一种要求，也可说是人同此心，心同此理的。有了此夫妻婚姻制，就接着有合理的家庭和社会，和人类的一切文化，都由此引生出。所以我们说，婚姻制度与家庭制度之出现，这并不是一个人的生命表现，而实是人类的"大生命"之共同表现。诸位在此听讲的，早迟都会要结婚，那时你们将感到新婚之情感与快乐，和对婚后之一切想象。你们在那时，可能认为那是你们的私事。但这想法是错了。大家莫误会，不要认为这是由于你们自己夫妻两人间独有的私心情。当知这些事，实在是由你们的父母双亲，上至你们的列祖列宗，一代接一代的生命的表现与扩张而引起，也即是整个人类大生命中的表现之一瞥。换言之，这已是从前曾有不知数量的人的心，此刻钻进了你的心里，而你始获有此种情感与想象的。否则猫与狗，为何没有你那样的情感与想象呢？五十万年以前的原人，他们那时心里为何也没有你那样的情感与想象呢？而何以在你同时同社会的男女，他们对婚姻和家庭的感情与想象之表现，又是大致相差不远呢？所以整个人类生命演进，实是一个大生命。在此大生命的潮流里，实不能有严格的你与我之别，也不能有严格的时代与地域之分别。这就是我上面所说的生命之融合。

以上说人类生命是共同的，感情也是共同的，思想理智也仍是共同的。因人心久已能跳出此各别的躯体，在外面来表现其生命。至于在各时代，各种人间的生命表现之尽有所不同，那可说是生命大流在随势激荡之中所有的一种艺术吧。

而逼其采取了多方面的多样的表现，在其深藏的底里，则并非有什么真实的隔别的不同存在。故人心能互通，生命能互融，这就表现出一个大生命。这个大生命，我们名之曰"文化的生命""历史的生命"。马克斯则只知道生产工具与唯物史观，他不知道文化生命与历史生命之整体的大意义。所以他看人类历史，则只是在生产，又只是在为生产而斗争了。

根据上述，可知我们要凭借此个人生命来投入全人类的文化大生命、历史大生命中，我们则该善自利用我们的个人生命来完成此任务。马克斯知有手，不知有嘴。又认为一切由物来决定心，而不知道应该用心来控制物。实在是看错了人生。

七

现在让我讲一故事，来结束上面一番话。

大约在二十一年前，我有一天和一位朋友在苏州近郊登山漫游，借住在山顶一所寺庙里。我借着一缕油灯的黯淡之光，和庙里的方丈促膝长谈。我问他，这一庙宇是否是他亲手创建的。他说是。我问他，怎样能创建成这么大的一所庙。他就告诉我一段故事的经过。他说，他厌倦了家庭尘俗后，就悄然出家，跑到这山顶来。深夜独坐，紧敲木鱼。山下人半夜醒来，听到山上清晰木鱼声，大觉惊异。清晨便上山来找寻，发现了他，遂多携带饮食来慰问。他还是不言不睬，照旧夜夜敲木鱼。山下人众，大家越觉得奇怪。于是一传十，十传百，所有山下四近的村民和远处的，都闻风前来。不仅供给他每天的饮食，而且给他盖一草棚，避风雨。但他仍然坐山头，还是竟夜敲木鱼。村民益发敬崇，于是互相商议，筹款给他正式盖寺庙。此后又逐渐扩大，遂成今天这样子。所以这一所大庙，是这位方丈，费了积年心，敲木鱼，打动了许多别人的心而得来的。

我从那次和那方丈谈话后，每逢看到深山古刹，巍峨的大寺院，我总会想象到当年在无人之境的那位开山祖师的一团心血与气魄，以及给他感动而兴建起那所大寺庙来的一群人，乃至历久人心的大会合。后来再从此推想，才觉得世界上任何一事一物，莫不经由了人的心、人的力，渗透了人的生命在里面而始达于完成的。我此后才懂得，人的心、人的生命，可以跳离自己躯体而存在而表现。我才懂得看世界一切事物后面所隐藏的人心与人生命之努力与意义。我才知，至少我这所看见的世界之一切，便决不是唯物的。

我们若明白了这一番生命演进的大道理，就会明白整个世界中，有一"大我"，就是有一个"大生命"在表现。而也就更易了解我们的生命之广大与悠久，以及生命意义之广大与悠久，与生命活动之广大与悠久。

（一九五一年四月十九日新亚书院文化讲座演讲，讲稿曾收入《新亚讲座录》，一九五五年收入本书时全文已重加改写）

五　如何探究人生真理

一

宇宙指整个自然界而言，那是无限的。纵使依照最近科学上的发现，认为宇宙有限，然就人的立场言，仍可称之为无限。世界指整个人生界而言，则是有限的。有限的世界，包裹在无限的宇宙之内。亦可说此有限世界乃占踞着无限宇宙之中心。惟因宇宙无限，故在此无限中之任何一点，都可成为此无限内的中心。而个人则尤属有限中之有限，但每一个人，在此无限大宇宙里，莫不各各自占一中心。

外围无限，中心有限。然中心不能脱离外围而自成为中心，而此有限中心，又不能与无限外围完成一体。换言之，有限只就此无限而成为一中心，却不能即就有限上完全呈现此无限。

人生既属有限，于是人生所可获得之智识亦有限。有限的智识，不能穷究无限之自然。自然真理应属无限，而人生真理则尽属有限。人类智识所发现之有限真理，虽可呈露出自然无限真理之一部分、一面相，而决非即是此无限真理之全体。今试问：就此无限自然之无限真理言，此有限人生所发现之有限真理，固得承认为真理否？此应为有限人生中一绝大之问题。

就此问题上，东西文化精神，有其显相违异之意见与态度。

我常谓东方文化乃内倾型者，西方文化为外倾型者；亦即谓中国人追求真理重向"内"，而西方人追求真理则重向"外"。试加以简要之说明。

上图：虚线表其无限，实线表其有限。就中国古语言，一属天，一属人。就近代术语言，一属自然，一属人文。

下图为西方人追求真理之形式。西方常主向外追寻，即向于有限的人生世界之外围，即无限自然中探寻真理，俟有所得，再回向于有限人生世界作指导，求应用。因此西方人之真理观，常为超越人生而外在。西方人所认为之真理，必为一种客观的，由此而产生宗教、科学，与哲学。

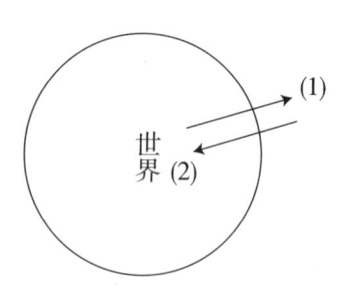

宗教信仰有上帝，上帝超越人生而外在。上帝不专限于此有限之人生界，上帝观念必与此无限宇宙观念相订合。故上帝身边之真理，实为一种无限真理。至于人生一切有限真理，则由此无限真理来规范，来决定。

科学探究自然。自然无限，则科学所探究者亦无限。自然真理无限，则科学所将探究之真理，亦必是一种无限真理。

西方哲学界常有唯心唯物之争，此指无限宇宙无限自然之最后本质，属心抑属物，此仍是一无限真理方面之争辩。凡西方哲学界所探究之真理，大体亦都属于无限真理之一面者。

二

今姑不论西方宗教、科学、哲学三方面所得之真理其是乎否乎，孰是孰非，而有两端必然可说者。其第一端既主向无限追寻,则必然易于分道扬镳,各自乖离,而其所得之真理,则往往偏而不全。因其所得皆是此无限真理之一偏,而决非其全部,如是故相互间易启争端,不易会合。

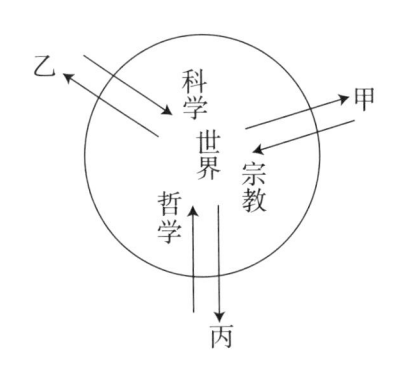

```
        乙 ←─── ┌─科─┐ ───→ 甲
               │学  │
               │世  │
               │界宗│
               │  教│
               │哲  │
               │学  │
               └────┘
                  ↓
                  丙
```

如上图,譬之吾人走离居室,门外即茫茫禹迹,自可有许多方向,许多道途,东西南北,各任所之。愈走愈远,可以终古不相合并。故近代科学分科分类,枝叶繁滋,各成专门,循至互不相涉。而哲学上之派别分歧,莫衷一是,更属显著。即就宗教言,同信一上帝,同信一耶稣,仍可有种种宗派,种种区分。不仅宗教、科学、哲学三分野,各自仅得此无限宇宙真理中之一偏。即每一分野中,亦何尝不歧中有歧,各据一偏。庄子所谓"道术将为天下裂",恰似说中了西方的智识界。

兹再说第二端。宇宙既属无限,则向外追寻,其路途亦无穷。无论其所到达如何远,必将永远如在中途,将永远无终极之归宿。上帝身边之真理，计惟上帝自知之。人类所知之上帝，则永远决非上帝之真与全。宗教进程，无疑的，将永远如在中途摸索。近代科学，突飞猛进，一日千里。然科学探究之进程，无疑亦将永在中途。此无限大宇宙之奇秘的无尽藏，何日得为人类科学探究全部发掘，更无余蕴，此似一不合情理之发问。至于哲学思辨上之永远得不到结论，只有继续摸索向前，更无有一旦到达之归宿，理更易知。

然而追寻愈远，其回向人生，亦将愈感疏阔，愈成隔阂。欧洲中古时期，正因宗教路程向前太远，遂致回顾人生，形成一片黑暗。近代欧洲，又是科学哲学向前探索太远，而发生流弊。人文科学追不上自然科学，形成目前之文化脱节，此义已得近代西方大多数人之认可。哲学上之唯心论、唯物论、实在论、唯生论，种种思辨，只要推寻愈深，摸索愈远，其回头来指导人生，求在人生世界实际应用，亦必愈感隔膜，愈多扞格。中国有成语曰，"途穷思返"。其实人类向无限宇宙追寻真理，乃因途无穷而不知返，因此西方思想界遂尽生变动，尽起争端。宗教路程走得太远了，忽而改途转向科学。唯心的思辨走得太远了，忽而改途走向唯物。前车之覆，后车之鉴。只要向无限宇宙追索得太远，必然会折回来，另走一新路。但此新路，亦同样无终极，同样将折回头来。此乃西洋思想史上一具体可指的已往陈迹。

三

庄周有言，"我生也有涯，而知也无涯，以有涯随无涯，殆已。已而为知者，殆而已矣"。这是说，人生有限，而知识范围则无限。若将有限人生来追求无限知识，终是一危险事。再把此追求所得，认为已是无限真理，回头来，把此真理来指导人生，则更将是一危险事。

中国人的思想方式，显与西方不同。

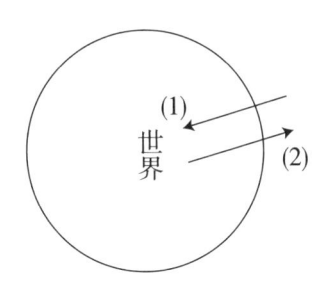

如上图，中国人追求真理，主先向内，先向人生世界之本身求体验。体验所得，再本此转向外面宇宙去观照，故中国人之真理观，乃为现实而内在者。换言之，亦可谓是主观的。

《尚书》言，"天视自我民视，天听自我民听"。要了解上帝，即在了解人生。孟子言，"尽心知性，尽性知天"。要了解天，即在了解人。如是何能有宗教？若有宗教，仍属有限世界中之一种人文教，而非无限宇宙超越外在的一神教与上帝教。

《中庸》言，"尽己之性，可以尽人之性。尽人之性，可

五　如何探究人生真理　　55

以尽物之性。尽物之性，而后可以赞天地之化育"。仍主先从有限世界通向无限宇宙，不主先由无限宇宙回向有限世界。如是则不会有像西方般的科学。中国科学，则如所言"正德、利用、厚生"，仍是人本位。就世界来窥宇宙，非由宇宙来定世界。而且常有把尽物性一目的置为次要之意态。

孔孟言仁，言性善，言中庸，仅属于日常人生。故曰"下学而上达"。因此不能有形而上学，不能有像西方般的哲学。若谓中国有哲学，实仅以人生哲学为主，其实则是日常人生之一种深切经验与忠实教训而已。

因此中国所长，不在宗教，不在科学，亦不在哲学，而在其注重讨论人生大道上。宗教、科学、哲学之所求，乃为宇宙真理。宇宙真理，无限不可穷极。人生大道属于有限世界。向有限世界体验，可以当体即是。要求了解人生世界，即在人生之本身，不烦向外追寻。人生乃宇宙一中心，若谓中国人讲的人生大道即等于在讲人生真理，则人生真理亦即宇宙真理中之一基点。有限知识，当作为寻求无限知识一指针。人若面向无限宇宙，不免有漆黑一片之感。但返就自身，总还有一点光明。即本此一点光明，逐步凭其指导，逐步善为应用，则面前之漆黑，可以渐化尽转为光明。此光明虽属有限，而即在有限世界中求有限真理，此有限光明即如无限光明。故曰："知之为知之，不知为不知，是知也。"

孔子所谓"知之为知之，不知为不知，是知也"，此一语，实为中国传统知识论奠基。西方哲学上之知识论，大要有两问题，一在问我之何以而能知？一在问我之所能知者究是些什么？换言之，即何者为我之所能知。中国传统知识论，则重在先认识了第二问题，再来研讨第一个问题。

四

如上所论列，人类之所能知，仅属有限。则人类所能获得之真理，亦必属于有限者。若为无限，则既非人类之知所能知，试问既所不知，又何从而知其为真理。故真理必在知之范围内，而知又必在人之范围内。若先求超越了人，此知又何所附丽以成为知。故人所知之真理必属有限，又必属于人生范围之内。

人生真理之所以若见为无限，乃亦正以人知有限，不知此真理之所至，遂若见其为无限。试再以浅譬说之。二加二等于四，此可谓一真理。此真理似是无限，然当知数字无穷，自一以上，可以至于十百千万亿兆京垓之无穷。自一以下，又可至于十之一、百之一、千之一、万之一、亿兆京垓之一而无穷。今若以二加二为限，则其答数仅为四，此又非有限而何？惟其有限，惟其仅限于一数四，故可成其为无限。此一无限，实一至有限中之无限也。至有限之无限，与无限本体异。无限本体断属不可知。人类可知者，则仅此至有限中之无限耳。

何以而知二加二等于四，此即在于二加二之实际有限中求之而可得。若忽视了此实际有限之二加二,而漫然于十百千万亿兆京垓之无限数中,加减乘除,以无限公式、无限方法求之,则此有限真理反将昧失而不可见。

然数字既无限,则数理亦无限。断不当即据二加二等于四一有限公式,而认为无限数理即尽于此有限公式中。当知数理无限,故公式亦无限,而每一公式则皆有限。数理无限中,包涵了此一切有限的公式。而每一公式则断然皆为有限者。换言之,每一人类知识中之数理公式则必然是有限者。

故人类当于此无限不可知中,寻求一切有限可知之真理。其唯一方法,仍在划定一有限可知之范围,而即于此范围中求之。若有此一公式,x+2=4,x 为一未知数,在无限数字中,此 x 所代表者究属何一数,此若极难知,而实不难知。因有?+2=4,已划定一范围,即于此至有限之范围内求之,便知 x 之必为 2,而不能为其他数。故人必于有限中求知,而所知者亦必仍然是有限。

上帝则绝不是一有限,自然亦绝不是一有限,西方哲学界所争之唯心唯物之心与物,亦不是一有限。人类求知,既是从有限性的范围内求,则所得必然仍有限。若求跳出此有限性的范围,则人类并无此能知,又何得有所知。故人类求知,先必返就己之所能知而求,而及其求而得,转可成无限。如二加二等于四,虽极有限,而在极无限中,只要遇到此二加二,便知其必然等于四。故此一有限,因其放入于无限中,遂同样成其为无限。故有限可知之所以能成为一种无限真理者，正以其外围尚有一无限不可知之宇宙。以我在此有限世界中之所知，放入于无限不可知之宇宙中，而才使有限可知之亦等如无限耳。

故人类在知其所知之同时，必须知在其所知之外围，尚有一不可知。所知有限，不可知无限，而有限必包络于无限中，此亦是一真理。西方宗教、科学、哲学在人类知识前进路程上之大贡献，只在其不断提示一种无限不可知之外围，使人类之知，能妥放一真位置，并能续向此不可知之外围而前进。

今试再设一浅譬。当罗马凯撒临政时，西方世界仅知有一罗马帝国，遂认罗马帝国为至高无上。因认其为乃人类一切真理之标尺，同时亦认罗马法律乃及凯撒之执掌此法律之最高权位人，亦同为至高无上，亦为人类一切真理之标尺，此乃当时西方世界之囿于所知，而不知于所知之外之尚有一无限的不可知。耶稣对此提出了抗议，他说，罗马帝国仅属于人间，罗马帝国之外尚有天国，则不属于人间。人类一切真理标尺，并非罗马法律，而系人世间之爱。掌之者非凯撒，而实为上帝。此一抗议，有其颠扑不破之真理性。即有限可知的罗马帝国，乃及罗马帝国当时之法律与其最高掌权人，决非人类唯一真理的标尺。此一启示，可以导引人更向无限中寻求真理而前进。然罗马帝国崩溃以后，当时西方人遂又确认天国与上帝为人类真理唯一的标尺。则试问所谓天国与上帝，既属无限界，如何能为人类知识能力之所知？天国与上帝既属无限界，即不在人类知识之可知之境域中。而当时

五　如何探究人生真理

人乃误认不可知者为确知,安得不由此而陷入了另一迷惘中。

于是遂引生出欧洲人文艺复兴以后之大反动。此后西方的自然科学家,又领导人类知识闯进另一无限不可知之境域,而不断有许多新发现。但此数百年来自然科学界之不断的新发现,实亦同样限于一些有限可知之范围内。若再要越出此一步,认为此诸发现,便已把握到整个宇宙无限界之最高真理,则同样又是一迷惘。

西方的哲学家,总在摆脱人类常识界之所谓已知的,而更求闯进另一不可知之无限界。此种努力,其贡献亦甚大。至少使人能了解此有限可知之到底是有限。在打破人类之误认此有限为无限之一迷惘上,各派哲学思想皆有所贡献。但若临到他们自己提出一种对于无限不可知界之假说与推论,则永远只是一种假说与推论,只成其为人类知力之一种游戏三昧,而同样必然仍将陷于又一迷惘中。

所以人类求真理,必当还就人类本身之有限可知中求之,而同时又必知人类本身所知之永远是有限。而此有限之外,永远有一无限不可知者包络之。人类必知在此无限不可知之大包围中,如何站稳在一有限可知之中心立场,而又能不断活泼移动,以自在游行于其四围之无限不可知中。而遂使其有限可知,亦若一无限。而两者能融成为一体。此殆为人类求知之唯一当循之正道。而孔子"知之为知之,不知为不知"之一语,正指示出了此一正道之大方向与大目标。

五

上面已说过，人类之在大自然中，乃一极小的有限，而欲不害其可为无限大自然之一中心。若再进一步言之，则此有限的人生界，若对每一个人言，仍像一无限。而每一个人正亦不妨各各成为人类无限之一中心。此各各个人即所谓"我"。此所谓我者，乃是至有限中之更有限。就东方人传统的求知方法论，此一有限中之更有限者，正为人类求知之唯一最可凭据之基点。故人类求了解宇宙，最先第一步在了解人生。人类求了解人生，最先第一步在了解各各自己，即我之个人。此却与西方人所提倡之个人主义又不同。就西方哲学言，"自我"与"宇宙"对立。就中国观念言，乃因"我"为人类社会一中心，犹之"人类"之为宇宙之中心。故《大学》言修身、齐家、治国、平天下。

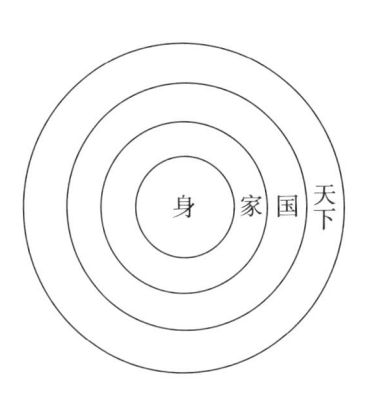

身　家　国　天下

如上图，身即在家之内，家在国之内，国在天下之内，而天下则又在宇宙之内。天下即相当于在无限宇宙内之有限人生界一点。因此，就西方言，主张个人主义者，常易轻视人类之全体。他们常认为个人即可直接上帝，面对自然。而若主张全体主义，大之如自然全体，小之如人类全体，则又必抹杀个人，不替它安放一应有的地位。他们不以个人为全体之工具，即以全体为个人之工具。中国人的人生观，乃非个人，非全体；亦个人，亦全体，而为一种"群己"融洽、"天人"融洽之人生。由中国古来习用语说之，此乃一种"道德人生"，亦即"伦理人生"。伦理人生亦称"人伦"。中国人于人伦中见仁、见善、见中庸、见德性、见道。于人伦中见"人道"，亦即于人伦中见"天道"。无个人，即无全体。而个人必于全体中见。因此在中国社会有"五伦"。

父子与兄弟为天伦，君臣与朋友为人伦。从天伦有家庭；从人伦有社会。而夫妇一伦，则界在天人之际。夫妇如朋友，属人伦，而天伦由此一人伦而来。故就自然言，先有天，后有人。就人文言，实先有人而后有天。故以五伦立"人极"，而五伦又以各人之"自我"为中心。父者我之父，子者我之子，君者我之君，臣者我之臣，夫妇、兄弟、朋友皆然。然个人分立，即不见有伦。"人伦"观念，必在中国观念中始有。故中国人之所谓修身，既非个人主义，亦非全体主义，而乃一种个人中心之大群主义，亦可谓是以小我作中心之社会主义。因中心必有其外围而始成为一中心。若无外围，即不成为中心。

故无"大群",即无"小我"。因小我实为此大群之中心。故小我地位,亦非轻于大群。若分开每一伦看,则五伦皆若为相对的。苟能会合五伦而通观之,则显见以自我为中心,以社会群体为自我之外围。而外围与中心,则合成一体。

再推此有限的人生世界,扩展到无限的自然宇宙,亦以宇宙为外围,以世界为中心。一如以世界为外围,而以自我为中心。如是则"天人合一","有限""无限"自可融成一体。故中国文化精神,乃以此有限中之有限个人小我为中心,而完成其对于无限宇宙之大自然而融为一体者。

故中国文化,最简切扼要言之,乃以教人做一"好人",即做天地间一"完人",为其文化之基本精神者。此所谓好人之"好",即孟子之所谓"善",《中庸》之所谓"中庸",亦即孔子之所谓"仁"。而此种精神,今人则称之曰"道德精神"。换言之,即是一种"伦理精神"。因此种精神,必从人伦上见。以近代哲学术语言,中国观点,不重在分别之个体,亦不重在浑整之全体,其所重,乃在全体中重视各个体相互间之各项关系,而以各个体为各中心。

今试进一步问,如何始能做一好人?此则由于各自内心之明觉,由于各人自己之向内体验,而不在其向外追寻。各人凭其各自内心之明觉而向内体验,由此所得之真理,真乃有限之有限,当体而即是。人生一切真理,莫要于先使自己做成一好人。而各人自知之明,必远多于他人之知我。使我如何做成一好人,此其自知必最真最切。宇宙既无限,世界

五 如何探究人生真理　　63

亦至广大，时不同，地不同，人人才性不同，处境又不同。父子、兄弟、夫妇、君臣、朋友，伦类对象，无一相同，奈何可得一同一之真理？在西方必求之上帝，求之科学，求之哲学；在中国则人人求之各自之良心。人人良知之所明觉，此即人人当体即是之真理。此若至有限而实至无限。至无限而又至有限。

六

世界真理，即建基于此。宇宙真理，亦必建基于此。此亦至平等，至自由。因其为人人之所知，人人之所能。所谓"我欲仁，斯仁至矣"，"人皆可以为尧舜"，"中庸之道，虽愚夫愚妇，与可有知焉"。尧舜乃大圣人之称。人皆可以为尧舜，此乃"中庸"之道，然此即人人皆可"为天地立心，为生民立命，为往圣继绝学，为万世开太平"。亦即人人可为此无限宇宙之中心。故亦惟此始为最博爱之学。一切宗教、科学、哲学，其最后所期到达，皆脱离不了此一关。孟子曰："先立乎其大者。"此乃人文大本。由此再向四围，则宗教、科学、哲学皆有其出发之基点，亦皆有其终极之归宿。然则中西文化精神，岂不由此可以绾合。百年前，中国学者曾有"中学为体，西学为用"之说。我想由此阐入，或庶乎其近是。

（一九五二年四月《民主评论》三卷八期，人生问题发凡之一）

六　如何完成一个我

一

天地只生了一个一个"人",并未生成一个一个"我"。因此大家是一人,却未必大家成一我。我之自觉,乃自然人跃进人文世界至要之一关。有人无我,此属原人时代。其时的人类,有"共相",无别相。有"类性",无个性。此等景况,看鸟兽草木便见。

"我"之发现,有赖于"人心"之自觉。今日人人皆称"我",仅可谓人人心中有此一向往,却并非人人有此一实际。仅可谓人人心中俱有此感想,却并非人人尽都到达此境界。故人心必求成一我,而人未必真能成一我,未必能真成一真我。

所谓"真我"者,必使此我可一而不可再。旷宇长宙中,将仅有此一我,此我之所以异于人。惟其旷宇长宙中,将仅有此一我，可一而不可再。故此一我，乃成为旷宇长宙中最可宝贵之一我。除却此一我之外，更不能别有一我，类同于此一我，如是始可谓之为"真我"。

今试问，人生百年，吃饭穿衣，生男育女，尽人皆同，则我之所以为我者又何在？若谓姓名不同，此则不同在名，不在实。若谓面貌不同，此则不同在貌，不在心。若谓境遇不同，此则不同在境，不在质。

当知目前之所谓我，仅乃一种所以完成真我之与料，此乃天地自然赋我以完成真我之一种凭借或器材。所谓我者乃待成，非已成。若果不能凭此天赋完成真我，则百年大限，仍将与禽兽草木而同腐。天地间生生不息，不乏者是人。多一人，少一人，与人生大运何关？何贵于亿兆京垓人中，多有此号称为我之一人？

然我不能离人而成为我。若一意求异于人以见为我，则此我将属于"非人"。我而非人，则将为一怪物，为天地间一不祥之怪物。若人人求转成为我，而不复为一人，此则万异百怪，其可怕将甚于洪水与猛兽。

人既品类互异，则万我全成非我，此我与彼我相抵相消。旷宇长宙中将竟无一我，而人类亦将复归于灭绝。故我之所贵，贵能于人世界中完成其为我，贵在于群性中见个性，贵在于共相中见别相。故我之为我，必既为一己之所独，而又为群众之所同。

二

生人之始，有人无我。其继也，于人中有我之自觉，有我之发现。其时则真得成为我者实不多。或者千年百年而一我，千里百里而一我。惟我之为我，既于人中出现，斯人人尽望能成一我。文化演进，而人中之得成为我者亦日多。此于人中得确然成其为我者，必具特异之品格，特异之德性。今遂目之为人品人格，或称之为天性，列之为人之本德。其实此所谓人品人格与人之天性本德云者，乃指人中之我之所具而言。并非人人都具有此品此格与此德性。然久而久之，遂若人不具此品，合此格，不备此性与德，即不成其为人。就实言之，人本与禽兽相近。其具此高贵之品格德性者，仅属人中之某一我，此乃后起之人，由于"人文化成"而始有。惟既文化演进日深，人人期望各自成一我，故若为人人必如此而后始得谓之人。此种观念，则决非原始人所有。

故人之求成为"我"，必当于人中觅取之，必当于人中之"先我"，即先于我而成其为我者之中觅取之。人当于万我中认识一自我。人当于万我中完成一"自我"。换言之，人当于万"他"中觅"己"。我之真成为我者，当于千品万俦之先我中觅取。此千品万俦之先我，乃所以为完成一我之模型与榜样。此种人样，不仅可求之当世，尤当求之异代。既当择善固执，还当尚友古人。换言之，则人当于历史文化中完成我。此亦是中国古语之所谓"理一分殊"。先我、后我，其为我则一，故曰"理一"。而我又于一切先我之外，自成此一我，故曰"分殊"。

人之嗜好不同，如饮食、衣服、居室、游览，各人所爱好喜悦者，决不尽相同。不仅嗜好各别，才性亦然。或长政治，或擅经济，或近法律，或宜科学。工艺美术，文学哲理，才性互有所近，亦互有所远。各有所长，亦互有所短。苟非遍历异境，则将不见己相。

若求购一皮鞋，材料花色，式样尺度，贵贱精粗，种种有别。必赴通都大邑百货所聚处挑选，庶能适合我心之所欲求。即小可以喻大。今若求在己心中觅认一我，此事更不当草草。当更多觅人样子，多认识先我，始可多所选择。每一行业中，无不有人样，所谓"人样"者，谓必如此而后可供他人作楷模，为其他人人所期求到达之标准。如科学家，是科学界中之人样；如电影明星，是电影界中之人样。其他一切人样，莫不皆然。凡为杰出人，必成为一种人样子。然进一步言，最杰出人，却始是最普通人。因其为人人所期求，为人人之楷模，为人人所挑选其所欲到达之标准，此非最杰出之人而何？此又非最普通之人而何？故俗称此人不成人样子，便无异于说其不是人。可见最标准的便成为最普通的。

然科学家未必人人能做，电影明星亦非人人能当。如此则其人虽杰出，而仍然不普通。必得其人成为尽人所愿挑选之人样，始属最好最高的人样。此一样子，则必然为最杰出者，而同时又必然为最普通者。换言之，此乃一最普通而又最不普通之样子。再换言之，必愈富人性之我，乃始为最可宝贵之我。即愈具普通人性之我，乃为愈伟大而愈特殊之我。

三

在西方，似乎每偏重于各别杰出之我，而忽略了普通广大之我。其最杰出而最不普通者，乃惟上帝。上帝固为人人所想望，然非人人能到达，抑且断无一人能到达上帝之地位。故上帝终属神格，非人格。只耶稣则以人格而上跻神格，乃亦无人能企及。中国人则注重于一种最杰出而又最普通之人格，此种人格，既广大，亦平易，而于广大平易中见杰出。释迦虽云"上天下地，唯我独尊"，然既人皆有佛性，人人皆能成佛，故世界可以有诸佛出世。于是佛亦仍然属于人格，非神格。但人皆有佛性，人人皆可成佛之理论，实畅发大成于中国。中国所尊者曰"圣人"，圣人乃真为最杰出而又最普通，最特殊而又最广大最平易者。故曰"人皆可以为尧舜"。尧舜为中国人理想中最伟大之人格，以其乃一种人人所能到达之人格。

《中庸》有言：极高明而道中庸，致广大而尽精微，尊德性而道问学。此三语，为中国人教人完成一"我"之最高教训。极高明是最杰出者，道中庸则又为最普通者。若非中庸，即不成其高明。若其人非为人人之所能企及，即其人格仍不得为最伟大。纵伟大而有限，以其非人人所能企及故。必其人格为人人所能企及，乃始为最伟大之人格，故曰极高明而道中庸。

不失为一普通人，故曰"致广大"。惟最普通者，始为最广大者。若科学家，若电影明星，此非尽人所能企及者，因其不普通，故亦不广大。必为人人之所能企及，而又可一不可再，卓然与人异，而确然成其为一我，故曰"致广大而尽精微"。

高明精微，由于其特异之德性。此种特异之德性，必于广大人群之"中庸德性"即普通德性中学问而得。故曰"尊德性而道问学"。问学之对象为广大之中庸阶层。而所为问学以期达成者，厥为我之德性。斯所以为精微，斯所以为高明。最中庸者，又是最高明者。最精微者，又是最广大者。斯所以为难能而可贵，斯所以为平易而近人。

人类中果有此一种品格，果有此一种境界乎？曰：有之。此惟中国人所理想中之"圣人"始有之。圣人乃人性我性各发展到极点，各发展到一理想境界之理想人格之称号。此种人格，为人人所能企及，故为最平等，亦为最自由。既为人人之所能企及，即为人人所愿企及，故为最庄严，亦为最尊贵。然则又何从独成其为我，为可一而不可再之我？曰：此因才性不同，职分不同，时代地域不同，环境所遇不同，故道虽同而德则异。此"德"字乃指人之内心禀赋言，亦指人之处世行业言。道可同而德不必同，故曰："禹、稷、颜回同道，易地则皆然。"易地则皆然，指其道之同，亦即指其德之异。

换辞言之,亦可谓是德同而道异。德可同,而道不可同。故曰:"孔子,圣之时者也。"其实圣人无不随时可见,因时而异。"同"故见其为一"人","异"故见其为一"我"。我与人两者俱至之曰"圣"。

对局下棋,棋势变,则下子之路亦变。惟国手应变无方而至当不可易。若使另换一国手,在此局势下,该亦唯有如此下。我所遇之棋势与弈秋所遇之棋势异,我所下之棋路,则虽弈秋复生,应亦无以易。故曰:"先圣后圣,其揆一也。"

四

人既才性不同,则分途异趣,断难一致。人既职分相异,则此时此位,仅惟一我。然论道义,则必有一恰好处。人人各就其位,各有一恰好处,故曰"中庸"。"不偏之谓中",指其恰好。"不易之谓庸",指其易地皆然。人来做我,亦只有如此做,应不能再另样做。此我所以最为杰出者,又复为最普通者。尽人皆可为尧舜,并不是说人人皆可如尧舜般做政治领袖、当元首、治国平天下。当换一面看,即如尧舜处我境地,也只能如我般做,这我便与尧舜无异。我譬如尧舜复生。故曰:"言尧之言,行尧之行,斯亦尧而已矣。"这不是教人一步一趋模仿尧,乃是我之所言,我之所行,若使尧来当了我,也只有如此言,如此行。何以故,因我之所言所行之恰到好处,无以复易故。

禅家有言，"运水搬柴，即是神通"。阳明良知学者常说，满街都是圣人。运水搬柴也是人生一事业，满街熙熙攘攘，尽是些运水搬柴琐屑事，但人生中不能没有这些事，不能全教人做尧舜，恭己南面，做帝王。我不能做政治上最高领袖，做帝王，此我之异于尧舜处。但我能在人生中尽一些小职分，我能运水搬柴，在街头熙攘往来。若使尧舜来做了我，由他运此水，搬此柴，让他在街头来充当代替我这一分贱役，尧舜却也只能像我般运，像我般搬，照我般来在街头尽此一分职，此则尧舜之无以异我处。如是则我亦便即如尧舜。仰不愧于天，俯不怍于人，反身而诚，乐莫大焉。故君子无入而不自得。其所得者，即是得一个可一不可再，尊贵无与比之"我"。若失了我而得了些别的，纵使你获得了整个宇宙与世界之一切，而失却了自己之存在，试问何尝是有所得？更何所谓自得？"自得"正是得成其为一个我。人必如尧舜般，始是成其为我之可能的最高标准。而尧舜之所以可贵，正在其所得者，为人人之所能得。若人人不能得，惟尧舜可独得之，如做帝王，虽极人世尊荣，而实不足贵。若悬此目标，认为是可贵，而奖励人人以必得之心而群向此种目标而趋赴，此必起斗争，成祸乱。人生将只有机会与幸运，没有正义与大道。

宗教家有耶稣复活之说。若以中国人生哲理言，在中国文化世界中也可另有一套的复活。舜是一纯孝，一大孝人。但舜之家庭却极特殊，父顽母嚚弟傲，此种特殊境遇，可一不可再，所以成其为舜。周公则生在一理想圆满的家庭中，父为文王，母为太姒，兄为武王，处境与舜绝异。但周公也是一纯孝，一大孝人。若使舜能复活，使舜再生，由舜来做了周公，也只有如周公般之孝，不必如舜般来孝，亦不可能如舜般之孝。如是则周公出世，即无异是舜之复活了。舜与周公，各成其一我，都是可一而不可再。而又该是易地皆然的，必如此才成其为圣。但"圣"亦是人类品格中一种，"孝"亦是人类德性中一目。故舜与周公也仅只成其为一个人。因于人类中出了舜与周公，故使后来人认为圣人是一种人格，而孝是一种人性，必合此格，具此性，始得谓之人。故说能在我之特殊地位中，完成此普遍共通之人格与人性者，始为一最可宝贵之我。我虽可一不可再，而实时时能复活，故我虽是一人格，而实已类似于神格。故中国人常以"神圣"并称。中国人常鼓励人做圣人，正如西方人教人信仰上帝，此是双方的人生观与宗教信仰之相异处。

在中国古代格言，又有立德、立功、立言称为"三不朽"之说。不朽即如西方宗教中之所谓永生与所谓复活。然立功有际遇，立言有条件，只有立德，不为际遇条件之所限。因此中国人最看重"立德"。运水搬柴，似乎人人尽能之。既无功可建，亦无言可立。然在运水搬柴的事上亦见德。我若在治国平天下的位分上，一心一意治国平天下，此是大德。我若在运水搬柴的位分上，一心一意运水搬柴，水也运了，柴也搬了。心广体胖，仰不愧俯不怍，职也尽了，心也安了，此也是一种德。纵说是小德，当知大德敦化，小德川流。骥

六　如何完成一个我

称其德，不称其力。以治国平天下与运水搬柴相较，大小之分，分在位上，分在力上，不分在德上。"位"与"力"人人所异，"德"人人可同。不必舜与周公始得称纯孝，十室之邑，三家村里，同样可以有孝子，即同样可以有大舜与周公。地位不同，力量不同，德性则一。中国的圣人，着重在"德性"上，不着重在地位力量上。伊尹、伯夷、柳下惠，皆似孔子之德，亦皆得称为圣，但境遇不同，地位不同，力量亦不同。孔子尤杰出于三人，故孔子特称为"大圣"。运水搬柴满街熙熙攘攘者，在德性上都可勉自企于圣人之列，只是境遇地位力量有差，但其亦得同成为一我，亦可无愧所生，其他正可略而不论了。

上述的这种圣人之德性，说到尽头，还是在人人德性之"大同"处，而始完成其为圣人之德性。我之所以为我，不在必使我做成一科学家，做成一电影明星。因此等等，未必人人尽能做。我之做成一我，当使我做成一圣人，一"圣我"。此乃尽人能之。故亦惟此始为人生一大理想，惟此始为人生一大目标。

我们又当知，做圣人，不害其同时做科学家或电影明星，乃至街头一运水搬柴人。但做一科学家，或电影明星，乃至在街头运水搬柴者，却未必即是一圣人。因此，此种所谓我，如我是科学家或电影明星等，仍不得谓是理想我之终极境界与最高标格之所在。理想我之终极境界与最高标格，必归属于圣人这一类型。何以故？因惟圣人为尽人所能做。颜渊曰："彼亦人也，我亦人也，有为者亦若是，我何畏彼哉。"

圣人之伟大，正伟大在其和别人差不多。因此人亦必做成一圣人，乃始可说一句"我亦人也"。乃始可说在人中完成了一我。这一悬义将会随着人类文化之演进而日见其真确与普遍。

五

以上所说如何完成一我，系在德性的完成上、品格的完成上说。若从事业与行为的完成上说，则又另成一说法。

我必在人之中成一我，我若离了人，便不再见有我。舜与周公之最高德性之完成在其孝。舜与周公之最高品格成为一孝子。但若没有父母，即不见子的身份，更何从有孝的德性之表现，与孝的品格之完成呢？

当知父子相处，若我是子，则我之所欲完成者，正欲完成我为子之孝，而并不能定要完成父之慈。父之慈，其事在父，不在子。若为子者，一心要父之慈；为父者，一心要子之孝，如是则父子成了对立，因对立而相争，而不和。试问父子不和，哪里再会有孝慈？而且子只求父慈，那子便不是一孝子。父只求子孝，那父便不是一慈父。若人人尽要求对方，此只是人生一痛苦。

我为子，我便不问父之慈否，先尽了我之孝。我为父，便不问子之孝否，先尽了我之慈。照常理论，尽其在我是一件省力事，可能事。求其在人，是一件吃力事，未必可能事。

人为何不用心在自己身上,做省力的可能事来求完成我。而偏要用心在他人身上,做吃力的不可能事来先求完成了他呢?

人心要求总是相类似。岂有为父者不希望子之孝,为子者不希望父之慈。但这些要求早隔膜了一层。专向膜外去求,求不得,退一步便只有防制。从防制产生了法律。法律好像在人四围筑了一道防御线。但若反身,各向自己身边求,子能孝,为父者决不会反对。父能慈,为子者决不会反对。而子孝可以诱导父之慈;父慈可以诱导子之孝。先"尽其在我",那便不是法而是"礼"。礼不在防御人,而在"诱导"人。中国圣人则只求做一个四面八方和我有关系的人所希望于我的,而又是我所确然能做的那样一个人。如是则先不需防制别人,而完成了一我。

防制人,不一定能完成我。完成了我,却不必再要去防制人。因此中国圣人常主"循礼"不恃法。孔子说"克己复礼为仁""为仁由己,而由人乎哉?",这是中国观念教人完成为我的大教训。

总合上述两说,在我的事业与行为上,来完成我的德性与品格,这就成为中国人之所谓礼。亦即是中国人之所谓仁。"仁"与"礼"相一,这便是中国观念里所欲完成我之内外两方面。

(一九五二年四月《民主评论》三卷九期,人生问题发凡之二)

七　如何解脱人生之苦痛

一

世界各大宗教，莫不于观察人生处有特见之深入。但似乎他们都一致承认人生本质，乃一苦痛的过程。人生本质既是一苦痛，则寻求快乐，决非人生之正道。良以苦痛的本质，而妄求快乐，其最后所得，只有益增苦痛；而其所谓快乐者，亦决非真快乐。今试问人生何以有苦痛？殆缘人生本属有限。举其大者，人生有两大限：

一为"人我"之限。

一为"生死"之限。

人生一切苦痛，则全从此两大限生。

先言人我之限。旷宇长宙，无穷无极中，而生有一我。以一我处亿兆京垓之非我中，哪得不苦痛？若人生为求争取，以一我与亿兆京垓之非我争,又从何争起,必归失败,宜无他途。若人生为求服务,以一我向亿兆京垓之非我服务,其任既大,其成亦仅,此为人生一大苦恼。

老子曰:"人之有患,在我有身。若我无身,更有何患?"正以有身才见有我。有身乃复有死。"我限""死限",皆由身来。老子此语,可谓深中人生苦痛之肯綮。

释迦之教,曰"无我""涅槃"。耶稣之教,曰"上帝""天堂"。大旨亦在逃避此人生之有限,或求取消此有限,而融入于无限,用意与老子大相似。惟孔孟儒家,则主即在此有限人生中觅出路,求安适。

何从即就有限人生解脱此有限?曰:"身量有限,而心量则无限。"人当从自然生命转入心灵生命,即获超出此有限。超出有限,便是解除苦痛。人之所谓我,皆从"身"起见,不从心起见。心感知有此身,因感知有此我,我即指身言,是之谓"身起见"。此为自然人生中之我,亦即是有限之我。若从心灵生命中见我,则不从身起见,不即指身为我,而乃于一切感中认知有此心,而复于此无限心量中感知有此我。当知"自心"即具一切感,不仅感知有此身,抑且感知身外之一切。非身是我,此感乃是我。而且自心以外,复有他心。能从一切他心中感知我。此一我,决不仅止一身我,必且感知及于我之心而始认之为是我。故他心之感有我,显不仅指身起见。人必从我与他之两心之相互感知中认有我。此之谓"心起见"。此始是一种"人文我",而此我则是一"无限"。

人不能孤生独立于此世，必有与我并生之同类，即亿兆京垓之非我。若从身起见，则如鲁滨逊漂流荒岛，孑然一身，依然是一我。若从心起见，则人不能孤生独立而成为我。我必有我之伦类。在中国有五伦。若者呼我为子，我即呼之为我之父。若者呼我为父，我即呼之为我之子。在我心中，同时可有我之父若子、兄若弟、夫或妻、君或臣与友。在他心中，亦同时认我为其父若子、兄若弟、夫或妻、君或臣与友。于此人伦中观人生，孔子则名之曰"仁"。郑玄曰，"仁者相人偶"。即不以孤生独立来看人，而必从成伦相对中看人。故曰："人者仁也。"人必成伦作对而后始成其为人，则我亦必与人成伦作对而后始成其为我。成伦作对，乃由心见，非由身见。父子之为伦，并非从父之身与子之身上建立此一伦，乃由父之心与子之心，即父之慈与子之孝之相感相通而后始成有"父子"之一伦。其他诸伦亦尽然。我之所以为我，并非由我此心对我此身而成有我，乃由我此心对于我之伦类之心之相感相知而后始成其为我。若认知了此一我，则早已打破了"人我"之限。并非限于他人而始有我，乃"通"于他人而始有我。

此种我见，乃中国儒家"仁道"中之"我"，与西方思想界所谓个人主义之我决不同。易卜生《玩偶》一剧，娜拉告其夫，从今以后，我决不在家庭中作一妻，当走向社会作一人。此可代表近代西方个人主义的观点。近代西方个人主义之充类至极，则必至于超伦绝类，而希望成为尼采所悬想之超人。在中国观念中，则娜拉纵使摆脱家庭而走向社会，却必仍在

七　如何解脱人生之苦痛　　79

人伦中，仍未能摆脱人伦而卓然成为一绝对的个人。彼或进医院作护士，或进学校作教师，或投商店为售货员，或任公司机关一书记，或加入某俱乐部为社员，或浪荡浮游，作社会一无业之废民或女丐。总之，彼脱离不掉此人群，即脱离不了此社会中人与人相伦类的关系。娜拉之走进社会中作一个人，将仍在伦类中作人，仍必与其他人成伦作对。决不能绝对的做一个人。

二

说到这里，却可见出中西人生观一至要的分歧。在中国，主张由"仁道"见人，故对家庭天伦更所重视。在西方，则偏向"个人自由"，故对父子兄弟，凡属天伦，多被忽视。既忽视了此两伦，则夫妇一伦只存有"人伦"的关系，而减少了"天伦"的意义。换言之，夫妇也只像似朋友。朋友可合可离，保存多量双方个人的自由。但今日之夫妇，即他日之父母。父母牵连到子女，其可合可离的自由不得不减少，则转增了麻烦与苦痛。故西方之夫妇结合，偏倾于社会性，其相互间只有欲望与法律，权利与义务。男女之爱，都还是朋友的。结为夫妇，则是法律的，而仍保有各自的权利。若把中国观念看，他们最多可说是义胜了仁。义者我也，仁者人也。他们要保存各自一我的独立精神，深怕给天伦关系损伤了。因一讲到天伦，便减损了个人的自由，便不成一完全的理想我。

释迦、耶稣，同样不认此五伦。就耶教言，最高的个人自由，应该是对上帝的信仰。耶稣钉死在十字架上，亦即其充分个人自由之表现。人人在内心信仰上与上帝为伦，人人须求在上帝心中有我，始为获得了真我。释迦则不主有我见，必求达于无我无生之究竟涅槃。求能于我心中不见有我，于他心中亦不见有我。

中国观念，则与上列释、耶两教尽不同。中国人好像在五伦中忘失了个人，其实是在五伦中完成了个人。我为人父则必慈，我为人子则必孝。若依个人主义言，岂不为了迁就人而牺牲了我。但以中国观念言，父慈子孝，乃是天性。而且为人子亦必求父之慈，为人父亦必求子之孝。故为父而慈，为子而孝，此乃自尽己心，而亦成全了他人。断非迁就，断非牺牲。此即孔子所谓之"忠恕"。内本己心是忠，外推他心是恕。"己"和"他"同属人，换言之，则同是"我"。我心即人心，人心即我心。此种人心之同然处，即是人心之常然处。此种同然与常然之心，中国人则名之曰"性"。我之为我，不在我身与人有别，而在我之心性与人有同。并不是有了我此身，即算是有我，应该是具有了我之此"心性"，才始成为"我"。此种我则并非西方个人主义者之超绝的理想我，而是中国人伦观中所得出的中庸的实际我。由超绝的理想我，使我常求超伦绝类。由中庸的实际我，使我只求在人类之心性中完成我。

但此所谓同然而常然的人之心性，也并不如西方所追求的全体主义。西方的全体主义，又要抹杀个人来完成。中国

七　如何解脱人生之苦痛

五伦的人生观，则全体即从个体上见。我为父而慈，即表现了全体为人父者之慈。我为子而孝，即表现了全体为人子者之孝。孝慈由我而言，似是一"个别心"。由人类心性言，同时即是一"共同心"即全体心。孔子所谓"心之仁"，孟子所谓"性之善"，皆由个别心上来发现出全体心。人生必成伦作对，在成伦作对中，己心、他心，相感相通，融成一心。惟其是己心他心相感相通而融成一心，此心之量扩大可至无限，绵延亦可至无尽。故于心起见之我，亦属于无限。

因于五伦，而有三事，曰"家"曰"国"曰"天下"。我之完成，完成于齐家、治国、平天下之无限进程中。此三事之无限进程，论其实际，仍只是"修身"一事。故既不需为要求完成个人主义而逃避全体，也不需为要求完成全体主义而牺牲个人。我之为我，乃与此全体相通合一中完成。有限而无限，无限而有限。全体人类，则尽在此成伦作对中。但非全体与个人对。西方人亦可谓以个人与上帝为伦，以个人与全体作对，此乃以现实与理想为伦，乃以具体与抽象作对。中国的五伦，只是人与人成伦作对，只是我与他成伦作对。分别言之，则曰：父子、兄弟、夫妇、君臣、朋友。此是个人与个人对，现实与现实对，具体与具体对。而在此相对中，却透露出极抽象的关于全体的理想。再换辞言之，我们若把此具体的有限来和抽象的无限作对，则必然要把圆满的理想归属于无限抽象，而有限的具体，才只见其为是一苦痛。若我们把有限具体只和有限具体成伦作对，则在此成伦作对中，转可发现出无限抽象之圆满理想,而此个人之有限性,亦即在无限理想中宛尔完成了。

三

以上是说明人我之限,以下将转说死生之限。但仍可把同一的理路来说明。

死,乃人生之终了。然亦正因有此终了,遂使人生得完成。人之所以为人,我之所以为我,都因其有一"死"。换言之,则因其是一有限者。有此一终了,才得完成其为人,或完成其为我。故人之有生,莫不决然向于死之途而迈进。求圆满,则必求有限。求有成,则必求有死。死是把人生定一界限,可让人生圆满"有成"。就自然人言,从身上起见,则若生老死灭是一可悲事。就文化人言,就历史人言,从心上起见,则人之有死,实非生老死灭,而是生长完成。有死,故得有完成,此乃一可喜事。若我无死,我将永不终了,永无完成。故死有限时限刻而必然降临者,又有随时随刻而忽然降临者,此在佛家谓之"无常"。无常若是苦痛,实非苦痛。惟其人生有此一无常,人生始得产生一善自处理之妙道。庄周有言,"善我生者所以善我死"。这是说,只要善处有限,便是善处无限。孔子曰:"朝闻道,夕死可矣。"这是说,在有限人生之前面,常有一无限之黑影死,时时相迫,人人都可以随时而死。哪一人可在朝上绝对决定其临夕而断然不死呢?此正是人生之有限性，因此人必在此有限中赶快求完成。若失了此一有限性，朝过有夕，夕去有朝，明日之后复有明日，人生无限，既无终极，亦将不复有开始。如是则将感其纵再放过了百千万年，再徐徐求道闻道，亦不为迟。如是则将永无闻道之一日，而且亦将不觉有所谓道之存在。佛家之涅槃，耶教之天堂，老子之无为而自然，都属憧憬此境界。孔子则吃紧为人，把捉此一段有限之生命，即在此有限中下工夫，只求此有限之完成，再不想如何跃过此有限而投入无限中。正因为人人都有此一机会，必然会跃出有限，跳进无限，那是天和上帝的事，鬼和神的事，非我们人的事。孔子说，"未能事人，焉能事鬼"。又说，"未知生，焉知死"。人生观其实由人死观而来。一切人生真理都由有了一死的大限而创出而完成。

在中国人心里，这一理论，沉浸得够深够透的。古人有言，"豹死留皮，人死留名"。中国人不想涅槃，不想天堂，也不想在生前尽量发展个人自由与现世快乐，却想自己死后还在别人心里留下一痕迹。这一痕迹便是"名"。忠臣孝子，全只是一个名。名是全人格之品题，名是他的生前之全人格在别人心里所发生的反映与所保留的痕迹。古人又云，"盖棺论定"。人若无盖棺之期，即难有论定之日。如是则他的人格在别人心里永难有一个确定的反映与坚明的痕迹。故不死即不成其为人，亦不成其为我。人之种种品题，种种格局，种种德性，全限于死而完成。换言之，只有死人才始是完人。不死即永远为不完。故孔子曰："杀身成仁。"孟子曰："舍生取义。"

人之生命，本为求完成其德性与其任务与使命。则为完成其品德与其理想之任务与使命而死，岂非死得其所。如是则死生一贯，完成死，即是在完成生。完成生，也即是在完成死。

四

惟人不当赖有此一自然的死之大限，而即以此一死限为完成。人当于此一死限未临之前，而先有其完成。故人当求其随时可死。即在其未死之前而先已有完成，乃始为真完人。然而事业无限，若人生以事业为衡量，仍将永无完成之日。若果事业完成，则天地之生机亦息。惟其天地生机不息，故人生事业乃亦永无其完成。然而事业无完，而每一人之职责则可完。事业是大群共同的，职责是个人各别的。事业无限，不尽在我。职责有限，只求尽其在我，斯即尽了我之职责。尽我职责，便完成了我之人格。完成人格是人生一大事。天限人以一死，人即以完成人格、尽其在我之职责来应付此一限我之死。人类一切事业，必由一切人格之无穷相续完成之。故事业之完成，属于命运。而职责之完成，则属于志愿。苟我之志愿，在完成我之职责，则职责无不能完。鞠躬尽瘁，死而后已，完成职责之最后一步是死，完成人格之最后一步亦为死。时时尽我职责，斯时时可死。职责已尽，而死期未到，则修身以俟命。只有继续尽职，以待自然死期之到达。万一职责难尽，则有一可必尽此职责之捷径，此即以一死尽职责，此为"道义"之死。道义之死，与自然之死，同属一死，同属人生职责之大限。人当在道义中生，即可在道义中死。君子之死，即就是死于自然，也还是死于道义。小人生在不道义之中，他不尽职责，忽然死了，那只是一种自然之死，与死一禽兽无异，那决不是道义之死，因此也不得为完人。人必然有一死，如何死在道义中，其惟一方法，即求生在道义中，自然便死在道义中。

孟子曰："志士不忘在沟壑，勇士不忘丧其元。"此为随时可死，随地可死。而此种随时随地的可死，则并非自然的死，而是道义的死。自然的随时随地可死，是"命"。人道之随时随地可死，是"义"。君子把一切外面的命，全化成自我一己之义。小人把一切自我一己之义，全推诿在外面的命上。因此他时时怕死，而依然时时会死。正因为小人之生，永不会完成，所以他时时怕死，而死亦时时来催促他，提醒他。君子时时尽其职责，人生随时完成，所以不怕死，而死之对他亦无威胁，所以能视死如归。

人生职责，惟军人临战场，显见为随时可死。故战争虽决非人生之理想，而军人道德，却不失为昭示人生以在随时可死中来完成其人格的一种标准的示范。其他如忠臣烈士，慨慷赴义，亦即是军人道德之变相。耶稣钉死在十字架上，亦即此一种精神。耶稣之职责尽了，耶稣之人格于以完成，然耶稣所欲宣扬之博爱牺牲救世之事业，则无限无尽。耶稣虽为此而死，此一事业则并未完，抑且因耶稣之死，而或者此一事业在当时不免受挫损。然此是无可奈何者。人类一切事业，胥当由无穷人格之无穷相续完成之。故每一人格，但求其本身人格之完成，即无异在促进此一事业之完成。耶稣人格已完，斯必有继起之人格来担当此事。此相续继起之人格，即无异为耶稣人格之复活。若此种事业无尽，则此种继起人格亦必无尽，此即为耶稣之永生。

孔子生前所遇，并不似耶稣。孔子得尽其天年，然孔子之人格完成，则与耶稣并无二致。故孔子之死，虽为自然之死，其实亦是道义之死。释迦主无我涅槃，但亦安度其自然之死，这亦即其道义之死了。孔子虽曾说杀身成仁，但孔子则未杀身而成仁了。儒家虽说志士不忘在沟壑，但孔子并未饿死沟壑，而所志亦终于完成了。在中国文化大系统里，宗教并未占有极高无上之地位，而孔子之扶杖逍遥，咏歌而卒，他的一生之最后结束，虽是极理想的，而有时像似不够鞭策人，提醒人。叫人误看作孔子之道义之死，恰如一般人之自然之死一般，没有两样。所以在中国民间，文圣外还有武圣。中国人时时以军人道德之殉难成仁为道义之死之一种榜样。中国民间之崇敬关岳者其义正在此。然而也并不是惟此始是道义之死。故孟子曰："知命者不立乎岩墙之下。""可以死，可以无死，死伤勇。"当知孔子之得终其天年，不仅是大智，而且还得需大勇。

五

由是言之，人固准备着随时随地可死，以待此忽然死期之来临。但同时，人亦该准备着随时可以不死，以待此忽然死期之还未来临。其实此两种准备，在普通寻常人间也懂得，而且也常真实在如此做。

今试问：生与死的真实界限，究竟在哪里？而生之有死，究竟又何尝真可怕？真苦痛？从身上起见，将感人死则身灭。若从心上起见，则何有乎一切恐怖。

上述两大义，正是儒家孔孟所以教人解脱此有我之"身"与有身之"死"之两大限之种种迷惘牵累之苦痛。若明白得此两义，将见人生如海阔天空，鸢飞鱼跃，活泼泼地，本身当前即是一圆满具足，即是一无限自由，更何所谓苦痛，而亦何须更向别处去求真理寻快乐？更何待于期求无我与无生，归向上帝与天国？此是中国圣人孔孟，对人生不求解脱而自解脱之当下人人可以实证亲验之道义所在。

此文草于台北，正寄香港《民主评论》发表，而惊声堂讲演塌屋，我头部特受重伤，电讯传港，友好相知，恐我不起，疑诧此文，或者为遭难之预谶。贱生幸而复延，而此理照著，常若悬在目前。惊声堂奇祸后三年又八日，因此文重拟付排，特再校读一过，回忆前尘，不胜感慨。一九五五年四月二十四日穆附注。

(一九五二年五月《民主评论》三卷十一期,人生问题发凡之三)

八　如何安放我们的心

一

如何保养我们的身体，如何安放我们的心，这是人生问题中最基本的两大问题。前一问题为人兽所共，后一问题乃人类所独。

禽兽也有心，但他们是心为形役，身是唯一之主，心则略如耳目四肢一般官能，只像是一工具、一作用。为要保养身，才运使到心。身的保养暂时无问题，心即暂时停止其运用。总之，在动物界，只有第一问题，即如何保养身，更无第二问题，即如何安放心。心只安放在身里，遇到身有问题，心才见作用。心为身有，亦为身役，更无属于心本身之活动与工作，因此也没有心自己独立而自生的问题。

但动物进化到人类便不同了。人类更能运使心，把心的工作特别加重。心的历练多了，心的功能也进步了。心经过长时期的历练，心的贡献，遂远异于耳目四肢其他身上的一切官能，而渐渐成为主宰一切官能，指挥一切官能的一种特殊官能了。人类因能运使心，对于如何保养身这一问题之解答，也获得重大的进步。人类对于如何保养身这一问题，渐渐感得轻松了，并不如禽兽时期那样地压迫。于是心的责任，有时感到解放，心的作用，有时感到闲散，这才发生了新问题，即心自己独立而自生的问题。

让我作一浅譬。心本是身的一干仆。因于身时时要使唤它、调遣它，它因于时时活动，而逐渐地增加其灵敏。恰像有时主人派它事，它不免要在任务完成之余，自己找寻些快乐。主人派它出外勾当，它把主人嘱咐事办妥，却自己在外闲逛一番。后来成了习惯，主人没事不派它出去，它仍是想出去，于是偷偷地出去了，闲逛一番再回来。再后来，它便把主人需办事轻快办妥，独自一人专心在外逛。因此身生活之外，另有所谓心生活。

人类经过了原人时代，逐渐进步到有农业、有工商业、有社会、有政治，如何保养身，这一问题，好算是十分之九解决了。人类到那时，不会再天天怕饿死，更不会时时怕杀死，它的仆人"心"，已替它的主人"身"把所要它做的事，做得大体妥贴了。主人可以不再时时使唤仆人，那仆人却整天离开主人，自己去呼朋唤友，自寻快乐。我们说：这时的人类，已发现了他们的心生活，或说是精神生活，或说人类已有了文化。其实就一般动物立场看,那是反客为主,婢作夫人。于是如何安放心的新问题,反而更重要于如何保养身的旧问题。

这事并不难了解,只要我们各自反身自问,各自冷静看别人,我们一天里,时时操心着的,究竟为什么?怕下一餐没有吃,快会饿死吗?怕在身之四围,不时有敌人忽然来把你杀死吗?不!绝对不!人类自有了文化生活,自有了政治社会组织,自有了农工商技术生活逐渐不断发明以后,它早已逃离了这些危险与顾虑。我们此刻所遭遇的问题,亟待解决的问题,十之九早不是关于身生活的问题,而是关于心生活的问题了。

我们试再放眼看整个世界人类的大纠纷,一如当前民主政权与共产政权两大阵容之对立与斗争,使当前人类面临莫大恐怖,说不定整个人类文化将会为此对立与斗争而趋向于消灭。但这究为什么呢?是不是各为着要保养自己个别的身,饿死威胁我,要我立刻去杀死敌人来获此身体之安全与保养呢?不,完全不是这回事。此刻世界人类一切生产技术和其政治社会之各种组织经验,早可没有这一种威胁了。此刻世界人类所遭遇的问题,完全是心对心的问题,不复是身对身或身对物的问题了。显言之,这是一思想问题,一理论或信仰问题,一感情爱好问题,这是一人类文化问题,主要是"心"的问题,不是身与物的问题了。若说是生活问题,那也是心生活的问题,不是身生活的问题了。若专一为解决身生活,决不会演变出如此般的局面来。因此人类当前的问题，主要在于如何"安放"我们的心，把我们的心安放在哪里？如何使我们的心得放稳、得安住？这一问题，是解决当前一切问题之枢纽。

这一问题，成为人类独有的问题。这是人类的文化问题。远从有文字记载的历史以来，远从有初步的农工商分业，以及社会组织与政治设施以来，这一问题即开始了，而且逐步地走向其重要的地位。

二

心总爱离开身向外跑，总爱偷闲随便逛，一逛就逛进了所谓神之国。在人类文化历史的演进中，宗教是早有端倪，而且早有基础了。肉体是指的身，灵魂是指的心。心想摆脱身之束缚，逃避为身生活之奴役，自寻它本身心的生活，神的天国是它想望的乐土。任何宗教，都想死后灵魂进天堂。不说有灵魂的佛教，则主张无生，憧憬涅槃。总之，都在厌弃身生活，鄙薄身生活，认身生活为尘俗、污秽、罪恶。心老想脱离身，而宣告它自己的自由与独立。但远从禽兽起，心本附丽于身而始有。若使真脱离了身，心又从何处见？心又当向何处觅？它因供身役使太久了，它此刻已有了自觉，它总不甘长为婢仆，它总想自作主人。它凭着自己的才能与智慧，它不断地怠工旷职。只要是深信宗教的人，他总会不太注意自己的身生活，甚至虐待身、毁伤身，好让身生活早告结束，来盼望自由的心生活早告开始。结果才有人类文化史上像西洋历史中所谓黑暗时期之出现。

心离开身，向外闲逛，一逛又逛进了所谓物之邦。科学的萌芽，也就远从人类文化历史之早期便有了。本来要求身生活之安全与丰足，时时要役使心，向物打交道。但心与物的交涉经历了相当久，心便也闯进了物的神秘之内圈，发现了物的种种变态与内情。心的智慧，在这里，又遇见了它自己所喜悦，获得了它自己之满足。它不顾身生活，一意向前跑，跑进物世界，结果对于身生活，也会无益而有害。

"五色令人目盲，五音令人耳聋，五味令人口爽"，像老子那一类古老的陈言，此刻我们不用再说了。但试问科学发明，日新而月异，层出而无穷，何尝是都为着身生活？大规模的出产狂，无限止的企业狂，专翻新花样的发明狂，其实是心生活在自找出路，自谋怡悦。若论对于身生活，有些处已是锦上添花，有些处则是画蛇添足，而有些处竟是自找苦恼。至于像原子弹与氢气弹，那些集体杀人的利器之新发明，究竟该咒骂，还是该赞颂，我们姑且留待下一代人类来评判。此刻我们所要指述者，乃是人类自有其文化历史以后的生活，显然和一般动物不同，身生活之外，又有了心生活，而心生活之重要，逐步在超越过身生活。而今天的我们，显然已不在如何保养我们身的问题上，而已转移到如何安放我们的心的问题上，这是本文一个主要的论题。

三

无论如何，我们的心，总该有个安放处。相传达摩祖师东来，中国僧人慧可亲在达摩前，自断一手臂，哀求达摩教他如何安他自己的心。慧可这一问，却问到了人类自有文化历史以来真问题之真核心。至少这一问题，是直到近代人人所有的问题，是人人日常所必然遇见，而且各已深切感到的问题。达摩说："你试拿心来，我当为你安。"慧可突然感到拿不到这心，于是对自己那问题，不免爽然若失了。其实达摩的解答，有一些诡谲。心虽拿不到，我心之感有不安是真的。禅宗的祖师们，并不曾真实解决了人类这问题。禅宗的祖师们，教人试觅心。以心觅心，正如骑驴寻驴。心便在这里，此刻叫你把此心去再觅心，于是证实了他们无心的主张，那是一种欺人的把戏。所以禅宗虽曾盛行了一时，人类还是在要求如何安放心。

宋代的道学先生们，又教我们心要放在腔子里，那是不错的。但心的腔子是什么呢？我想该就是我们的身。心总想离开身，往外跑。跑出腔子，飘飘荡荡，会没个安放处。何止是没有安放？没有了身，必然会没有心。但人类的心，早已不愿常为仆役，早已不愿仅供身生活作驱遣。而且身生活其实也是易满足、易安排。人类的心，早已为身生活安排下了一种过得去的生活了。身生活已得满足，也不再要驱遣心。心闲着无事，哪能禁止它不向外跑。人类为要安排身生活，

八　如何安放我们的心

早已常常驱遣它向外跑,此刻它已向外跑惯了。身常驱遣心,要它向外跑,跑惯了,再也关不住。然则如何又教人心要放在腔子里?

这番道理说来却话长。人类心不比禽兽心,它已不愿为形役,它要自作主,这是人类之所异于禽兽处,这是人类文化之所贵。这一层,谁也不反对。但我们该知道,心寄于身而始有,心纵不愿为形役,但"心"与"身"之间,该如鹣鹣鲽鲽,该如连理木,如同命鸟。它们生则同生,死则同死。有则同有,灭则同灭。心至少应该时时亲近身、照顾身。心必先常放在腔子里,才能跑出腔子外。若游离了腔子,它不仅将如游子之无归,而且会烟消云散,自失其存在。

然而不幸人类之心,又时时真会想游离其腔子。宗教便是其一例。科学也是其一例。宗教可以发泄心的情感,科学可以展开心的理智,要叫心不向这两面跑,正如一个孩子已走出了大门,已见过了世界,他心里真生欢喜,你要把他再关进大门,使如牢囚般坐定在家中,那非使他发狂,使他抑郁而病而死,那又何苦呢?但那孩子跑遍了世界,还该记得有个家,有个他的归宿安顿处。否则又将会如幽魂般,到处飘荡,无着无落,无亲无靠,依然会发狂,依然会抑郁而病而死的。中世纪的西方,心跑向天国太远了,太脱离了自己的家,在他们的历史上,才有一段所谓黑暗时期的出现。此刻若一向跑进物之邦,跑进物世界,跑得太深太远,再不回头顾到它自己的家,人类历史,又会引致它到达一个科学文明的新黑暗时期。这景象快在眼前了,稍有远眼光的人,也会看见那一个黑影已隐约在面前。这是我们当身事,还待细说吗?

四

让我再概括地一总述。人心不能尽向神,尽向神,不是一好安放。人心不能尽向物,尽向物,也不是个好安放。人心又不能老封闭在身,专制它,使它只为身生活作工具、作奴役,这将使人类重回到禽兽。如是则我们究将把我们的心如何地安放呢?慧可的问题,我们仍还要提起。

上面说过,人类远在有农工商业初步的分化,远在社会和政治有初步的组织成绩时,这问题即开始了。在世界人类的文化历史上,希腊、印度、犹太与中国,或先或后,在那一段时期内,都曾有过卓绝古今的大哲人出现。他们正都是处在身生活问题粗告一段落,心生活问题开始代兴的时期,遂各有他们中间应运而起,来解答此新问题的大道师。有的引导心向神,有的引导心向物,人心既是奔驰向外,领导人也只有在外面替心找归宿。只有中国孔子,他不领导心向神,也不领导心向物,他牖启了人心一新趋向。孔子的教训,在中国人听来,似是老生常谈,平淡无奇了。但就世界人类文化历史看,孔子所牖启人心的,却实在是一个新趋向。他牖启心走向心,教人心安放在人心里。他教各个人的心,走向别人的心里找安顿、找归宿。父的心,走向子的心里成为"慈";子的心,走向父的心里成为"孝"。朋友的心,走向朋友的心里成为"忠"与"恕"。心走向心,便是孔子之所谓"仁"。心走向神、走向物,总感得是羁旅他乡。心走向心,才始感到是它自己的同类,是它自己的相知,因此是它自己的乐土。而且心走向心,又使心始终在它腔子内,始终不离开它的寄寓之所身。父的心走向子的心,他将不仅关切自己的身,并会关切到子之身。子的心走向父的心,他将不仅关切自己的身,并也会关切到父之身。如是则"身心"还是"和合",还是相亲近、相照顾。并不要摆弃身生活来蕲求心生活之自由与独立,心生活只在身生活中觅得它自由与独立之新园地。这是孔子教训之独特处,也是中国文化之独特处。

要你捉着自己的心来看,那是骑驴觅驴,慧可给达摩一句话楞住了。但用你的心来透视人的心,却亲切易知,简明易能。父母很容易知道儿女的心,儿女也很容易知道父母的心,心和心,同样差不多,这所谓易地则皆然。心走向神、走向物,正如鲁滨逊飘流荒岛,孤零零一个心,跑进了异域,总不得好安放。心走向心,跑得愈深愈远,会愈见亲切,愈感多情的。因它之所遇见,不是别的,而还是它同类,还是它自己,还是这一心。心遇见了心,将会仍感是它自己,不像自己浪迹在他乡,却像自己到处安顿在家园。于是一人之心,化成了一家心。一家之心,化成了一国心。一国之心,化成了天下心。天下人心,便化成了世界心与宇宙心。心量愈扩愈大,它不仅感到己心即他心，而且会感到我心即宇宙。到此时，心遇见了神。而它将会感觉到，神还是它自己。

本来心寄寓在身，我心寄寓在我身。现在是心向外跑，游离了自己的身，跑进到别人心中去。别人的心，也寄寓在别人的身。于是遂感到，我的心也会寄寓到别人身里了。慈父的心，会寄寓在他儿子的身里。孝子的心，会寄寓在他父母的身里。于是我的心可以寄寓在一家，寄寓在一国，寄寓在天下，寄寓在世界与宇宙中。我的心与家，可和合而为一，与国与天下，也可和合而为一。与世界宇宙，也可和合而为一。如是，心即是神，而且心即是物。因为，世界宇宙和万物离不开，心和世界宇宙和合为一，也便和万物和合为一了。在这里，心遇见了物，而它将感到，物还是它自己。

五

心与神、与物，和合为一了，那是心之大解放，那是心之大安顿。其枢纽在把自己的心量扩大，把心之情感与理智同时地扩大。如何把心之情感与理智同时地扩大呢？主要在心走向心，先把自己的心走向别人心里去。自己心走向他人心，他将会感到他人心还如自己心，他人心还是在自己的心里。慈父会感到儿子心还在他心里，孝子会感到父母心也在他心里。因此才感到死人的心也还仍在活人的心里。如是则历史心、文化心，还只是自己现前当下的心。自己现前当下的心，也还是历史心与文化心。如是之谓"人心不死"。

我的心,不仅会跑进古人已死的心里去,而且会跑进后代未生的人的心里去。过去心、现在心、未来心,总还是人心,总还是文化心与历史心。这一历史心文化心,即眼前的人心,却超然于身与万物而独立自由地存在了。但此超然于身与万物而独立自由存在的心,还只是人心,还只是我此刻寄寓于此身内之心。因此物则犹是物,身则犹是身,而心亦犹是心。心永远在身里,即永远在它自己的腔子里。同时也还永远在物里。如是则宇宙万物全变成心的腔子,心将无所往而不自得,心将无所往而不得其安放,此之谓心安而理得,此之谓"至神"。

这只有人类文化发展到某一境界始有此证会。而这一境界,则由孔子之教牖启了它的远景,指导了到达它的方向与门路。禽兽的心,永远封闭在它的躯壳里,心不能脱离身,于是心常为形之役,形常为心之牢,那是动物境界。人依然还是一动物,人的心依然离不了身,而身已不是心之牢狱了。因为人之心可以走向别人的心里去,它可寄寓在别人心里,它会变成了另一躯壳内之心,它可以游行自在,到处为家。但它决不是一浪子,也不是一羁客。它富有大业,它已和宇宙和合为一了。宇宙已成为我心之腔子,我心即可安放宇宙之任一处,只有人类的心,在其文化历史的演进中,经历相当时期,才能到达此境界,惟中国人则能认为宇宙即我心,我心即宇宙。

但这决不是由我一人之心在创造了宇宙,也决不是说我心为宇宙之主宰。这是说，在人文境界里，人心和宇宙和合融凝为一了。即是说，人心在宇宙中，可觅得了它恰好的安顿处所了。这先要把我此心跑进了别人心里而发现了人心。所谓人心者，乃人同此心之心。因此到达此境界，我心即人心。人心在哪里见？即由我心见，即由我心之走向别人之心见，即由历史文化心而见。必由此历史心文化心，乃始得与宇宙融凝合一。此一宇宙，则仍是人文世界所有的宇宙，仍是人心中所有的宇宙。若心游离了身，游离了人，偏情感的，将只见有神世界，偏理智的，将只见有物世界。心偏走向神世界与物世界，将会昧失了人世界。昧失了人世界，结果将会昧失了此心。此心昧失了，一切神、一切物，也都不见了。于是成为唯神的黑暗与唯物的黑暗。光明只在人心上，必使人心不脱离人之身，才始有此人文世界中光明宇宙之发现。

这也决不是西方哲学所主张的唯心论。西方唯心哲学，先把心脱离了身，同时便脱离了人。心脱离了人之身，不为神，便为物。这样的心所照见之宇宙，非神之国，即物之邦，决不是一个人文世界的宇宙，而将是一个神秘的宇宙，或是自然的宇宙。这是一个宗教信仰的宇宙，或是一个科学理智的宇宙，而决不是人心所能安顿存放的宇宙。在这样宇宙中所见的人之身，也只如一件物，而已非人心之安顿处。心不能安放在身里，也将不能安放在宇宙里。这无论是神秘的宇宙，或是自然的宇宙。人心所能安顿存放的宇宙，决然只是一个人文的宇宙，即是人心与宇宙融凝和合为一之宇宙。这一宇宙中，可以有对神秘的信仰，也可以有对自然的理智，但仍皆在人文宇宙中，而以人文为中心。人文的宇宙，必须人心与宇宙和合为一。换言之，即宇宙而人文化了。而其最先条件，则是心与心和合为一，是心与身和合为一。才始能渐进而到达此境界。

把身作心之牢狱，把心作身之仆役的，是禽兽。把心分离了身来照察宇宙的，在此宇宙中，将只见神，或则只见物。宗教没有替人类身中之心安顿一场所，科学也没有为人类身中之心安顿一地位。宗教宇宙是唯神的，科学宇宙是唯物的。唯心哲学里的宇宙，仍只会照察到有神与物，没有照察到有心，因其把离开了身的心来照察的，便再也照察不到心。达摩早已指出此奥妙。只有心走向心，把自己的心来照察别人之心，把心仍放在身之内，所以有己心和他心。己心和他心之和合为一，才是人之心。人之心之所照察，才是一人文世界中之宇宙，而此宇宙也会和人心融凝和合为一。此人之心则不复以身为牢狱，不复为身之奴役。但此心则仍不离开此身而始有，仍必寄寓于此身而始有。人仍是一动物，但人究竟已不是一动物了。人生活在人文世界之宇宙中，心也在此人文世界之宇宙中而始有其好安顿。

此一宇宙，是大道运行之宇宙。此一世界，亦是一大道运行之世界。此一心，则称之曰"道心"，但实仍是"仁心"。孔子教人把心安放在"道"之内，安放在"仁"之内，又说"忠恕违道不远"，"孝弟也者，其为仁之本欤"。孔子教人，把心安放在"忠恕"与"孝弟"之道之内。孔子说:"择不处仁焉得知?"孟子说:"仁,人之安宅也。"这不是道心即仁心吗?慧可不明此旨,故要向达摩求安心。宋儒懂得此中奥妙,所以说心要放在腔子里。西方文化偏宗教偏科学而此心终不得其所安。所以我在此要特地再提出孔子的教训来,想为人心指点一安顿处,想为世界人类文化再牖启一新远景与新途向。

(一九五二年十一月《民主评论》三卷二十三期,
人生问题发凡之四)

九　如何获得我们的自由

一

西方人有一句名言说："不自由，毋宁死。"这是说自由比生命还重要。但什么是自由呢？就中国字义解释，由我作主的是自由，不由我作主的便是不自由。试问若事事不由我作主，那样的人生，还有什么意义价值可言？但若事事要由我作主，那样的人生，在外面形势上，实也不许可。在外面形势上不许可的事，而我们偏要如此做，那会使人生陷入罪恶。所以西方人又说："自由自由，许多罪恶，将假汝之名以行。"可知人生不获自由是苦痛，而尽要自由，又成为罪恶，则仍是一苦痛。然则哪样的自由，才是我们所该要求的，而又是我们所能获得的呢？换言之，人生自由之内容是什么，人生自由之分际在哪里呢？我们该如何来获得我们应有的自由呢？

由我作主才算是自由，但我又究竟是什么呢？这一问题却转入到人生问题之深处。美国心理学家詹姆士，曾把人之所自认为我者，分析为三类。

第一类，詹姆士称之为"肉体我"，此一我，尽人皆知。即此自顶至踵，六尺之躯，血肉之体之所谓我。人若没有了此六尺之躯，血肉之体，试问更于何处去觅我？但此我，却是颇不自由的。此我之一切，均属物理学、生物学、生理学、病理学即医学所研究的范围。生老病死，一切不由我作主。生，并不是我要生，乃是生了才有我。死，也不由我作主，死了便没我。很少有人自作主要死。老与病，则是自生到死必由之过程。人都不想经由此过程，但物理生理规定着要人去经由此过程。

其他一切，亦大体不由我作主。如饥了便想吃，饱了便厌吃，乃至视听感觉，归入心理学范围内者，其实仍受物理、生理、医理的律令所支配。换言之，支配它的在外面，并不由他自作主。

佛家教义开始指点人，便着眼此一我。凡所谓生、老、病、死，视听感觉，其实何尝真有一我在那里作主。既没有作主的，便是没我。所以说这我，只是一臭皮囊，只是地、水、风、火，四大皆空，哪里有我在？因此佛家常说"无我"。既是连我且无，所以人生一切，全成为虚幻而不实。

第二类，詹姆士称之为"社会我"。人生便加进了社会，

九 如何获得我们的自由

便和社会发生种种的关系。如他是我父,她是我母,我是他和她之子或女。这一种关系,都不由我作主。人谁能先选定了他自己的父与母,再决定了他自己之为男或女,而始投胎降生呢?那是我的家,那是我的乡,那是我的国,那是我的时代,这种种关系重大,决定我毕生命运。但试问,对我这般深切而重大的关系,又何尝经我自己选择,自己决定,自己作主呢?因此那一我,也可说是颇不自由的。

第三类,詹姆士称之为"精神我"。所谓精神我者,这即是心理上的我。我虽有此肉体,我虽投进社会,和其他人发生种种关系,但仍必由我内心自觉有一我,才始算得有我之存在。这在我内心所自觉其有之我,即詹姆士之所谓精神我。此我若论自由,该算得最自由了。因我自觉其有我,此乃纯出于我心之自觉,决不是有谁在我心作主。若不是我心有此一自觉,谁也不会觉到在我心中有如此这般的一个我。

这一我,既不是肉体的我,又不是由社会关系中所见之群我,这是在此肉体我与夫由社会关系中所见之群我之外之一我。而此我,则只在我心上觉其有。而此所有,又在我心上真实觉其为一我。而这一种觉,则又是我心自由自在地有此觉。非由我之肉体,亦非由于外在之种种社会关系,而使我有此觉。此觉则纯然由于我心,因此可以称之为心我。是即詹姆士之所谓精神我。严格言之,有身体,未必即算有一我。如动物个个有体,但不能说动物个个有我。故必待有了社会我与精神我,始算真有我。但此二我相比,社会我是客我,是假我，精神我才始是主我，是真我。既是只有精神我得称为真我，因此也惟有精神我得可有自由。

让我举一些显浅之例来证明此我之存在。我饿了，我想吃。此想由身我起，不由心我起。若由心我作主，最好能永不饿，永不需想吃。若果如此，人生岂不省却许多麻烦，获得许多自由？神仙故事之流传，即由心我此等想望而产生。又如我饱了，不能吃，此亦属身我事。若我身不名一文，漫步街市，纵使酒馆饭肆，珍错罗列，我也不能进去吃，此乃社会我之限于种种关系之约束而不许吃。但有时则是我自己不要吃，不肯吃。此不要不肯，则全由我心作主，惟此乃是我自由。

此等例，各人皆可反躬一思而自得。兹姑举古人为例。元儒许衡，与众息道旁李树下，众人竞摘李充腹，独衡不摘。或问衡："此李无主，汝为何独不摘？"衡答："李无主，我心独无主乎？"在众人，只见李可吃，李又无主。此种打算，全系身我群我事。独许衡曾有一"心我"。

我们若把此故事，再进一步深思，便见在许衡心中，觉得东西非我所有，我便不该吃。但为何非我所有我便不该吃，此则仍是社会礼法约束。因此许衡当时内心所觉，虽说是心我，而其实此心我，则仍然是社会我之变相，或影子，或可说由社会我脱化来。孔子称赞颜渊说："贤哉回也，一箪食，一瓢饮，在陋巷，人不堪其忧，回也不改其乐。"此一番颜渊心中之乐，则纯由颜渊内心所自发。此出颜渊之真心，亦是颜渊之真乐，如此始见真心我。若颜渊心中想，我能如此，可以博人称赏，因而生乐，则颜渊心上仍是一社会我，非是真心我。心不真，乐亦不真，因其主在外，不主在内故。此一辨则所辨甚微，然追求人生最高自由，则不得不透悟到此一辨。

二

以上根据詹姆士"三我"说，来指述我之自由，应向心我即精神之我求，不该向身我与社会我那边求。欧洲教育家裴斯泰洛齐曾分人生为"三情状"。其说可与詹姆士之"三我"分类之说相发明。兹再引述如下。

裴斯泰洛齐认为人类生活之发展历程，得经过三种不同的情状。首先是生存在"自然情状"，或说是"动物情状"中。此如人饿了要吃，冷了要穿，疲倦了要休息，生活不正常了要病，老了要死。此诸情状，乃由自然律则所规定，人与其他动物，同样得接受服从此种自然之律则。在此情状中，人生与禽生兽生实无大区别。在此情状中生活之我，即是詹姆士之所谓肉身我。

裴斯泰洛齐认为人生由第一情状进一步，转到第二情状，则为"社会情状"，又称"政治情状"。那时的人，也便成为社会动物，或政治动物了。在此一情状下生活之我，则是詹姆士之所谓社会我。

自从人有了社会政治生活之后，人的生活却变得复杂了。吃有种种的吃法，穿有种种的穿法，甚至于死，也有种种的死法，较之在自然情况下生活的人，大为不同了。而此种种法，则全从社会外面，政治上层，来规定来管制，而且还有它长远的来源，这是一种历史积业。生活其中的人，谁也不得有自由。于是人在自然生活的不自由之外，又另增了在政治社会生活中的不自由。

中国老庄道家，是极端重视人生之自由的。他们因于见到人在政治社会生活中种种不自由，乃想解散社会，破弃政治，回复人类未有政治和社会以前之原始生活。他们屡屡神往于人在自然情状下生活之可爱。但人在自然情状下生活，岂不更有许多不自由？因此他们又幻想出一套神仙生活来，在自然情况下生活的人，庄周称之为真人。在神仙境界中生活的人，庄周称之为神人。然而不为神人，亦难得为真人。因此无论神人与真人，则仅是些理想人，实际人又何尝能如此？

初期基督教，理想生活寄托在灵魂与天堂，关于人类在社会情况与政治情况下的一切生活，耶稣只说，凯撒的事由凯撒管，他暂时采取了一种不理不睬的态度。但那一种政治社会生活之不能满足耶稣内心之自由要求，则早在他这话中透露了。至于佛教，他们厌弃一般社会情况下的生活，是更显然的。所以他们要教人出家，先教人摆脱开家庭，继此才可摆脱社会和政治种种的束缚。

再说到近代西方为争取人权自由而掀起革命，这当然因于他们深感到当时政治社会种种现存情况之阻碍了自由。但他们之所争，实则只争取了人类自由之某种环境与机会，并不曾争得了人类自由之本质与内容。因自由只能由人自我自发，如所谓言论自由，与思想自由，岂不所争只是要政治和社会给与大家以言论与思想的自由之环境与机会。至于言论些什么，思想些什么，则决不是可以向外争求而得，也决不能从社会外面给与。若使社会从外面给与我以一番言论与思想，此即是我言论与思想之不自由。可见言论思想自由，实际该向内向自己觅取，不能向外向社会争求。言论思想之自由如此，凡属人生行为之一切自由，实则无不皆然。若我们不明白这一层，则社会纵使给与我以种种自由，而我仍可无自由。故社会立法，至多可使我们不不自由，而不会使我们真有了自由。

现在我们依次说到裴斯泰洛齐所说的人类生活之第三级，即最高一级的生活情状，他称之为"道德情状"。他曾说：在我本身，具备一种内在力量，这并非是我的动物性欲望，而且独立于我的一切社会关系之外。这一种力量，生出于我之本质中，独立存在，而形成了我之尊严。这一种力量，并不由其他力量产生，此乃人类之德性。他又说：道德只是每一人所自身具有之内在本质，道德并非来自社会关系。他又说：在道德力量之影响下，人不再感觉有一我，作为生活之中心，他所感觉者，则只是一种德性。在裴斯泰洛齐所认为不再有一我，而只是一种德性者，此种"德性"，实则犹如詹姆士之所谓"精神我"。而他所谓不再有一我作为生活中心者，此一我，则犹如詹姆士所谓之身我与社会我。

三

上述裴斯泰洛齐这番话，颇可与中国儒家思想相发明。孟子说："由仁义行，非行仁义。"行仁义不足算道德。因在社会关系中，规定有仁与义，我依随社会之所规定而行仁义，则此种行为实出于社会关系，而并非出于我。只有由我"自性行"，因我自性中本具有仁义，故我由自性行，即成为"由仁义行"。此乃我行为之最高自由，此乃我内在自有之一种德性，因于我之有此德性而发展出此行为，此行为才是我自由的行为。即由我自主自发的行为。而非社会在指派我，规定我，亦非我在遵守服从社会之所规定而始有此行为。

再试举一人所共知的历史浅例作说明。当南宋朝廷君和相均决定了对金议和，连下十二道金牌，召回正在前线作战的岳飞的军队。岳飞是一位宋朝派出的将帅，依照当时社会关系、政治关系，岳飞自该退兵，不该违抗政府的意旨和命令。故在社会关系中，岳飞无自由。即在近代，还不是说军人无自由吗？但岳飞所以招致杀身之祸者，则在其坚持反和主战的态度上。岳飞此一态度之坚持，则发于其内心，决不能说是发于岳飞之身我。苟为其身安全计，则不该反和议。亦不能说是发于岳飞当时之种种社会关系上，果遵照当时社会关系，则君相已决策议和，岳飞仅是一朝廷所派的将帅，不该反抗，因此岳飞之反和议，确然发于其内心之精忠与耿直。为其忠于国家民族前途，为其耿直不掩饰，不屈服，而确然表现出了他个人的人格与德性。此乃岳飞内心精神上一种最高之自由。岳飞之在风波亭，正如耶稣之上十字架。我们尽可不信耶稣教，尽可不信耶稣心中所想象的上帝，也可在某种见地上，赞成秦桧主和，而怀疑岳飞之主战，但耶稣岳飞，同样表现出了一种人类在自然生活与社会生活之上之有其更高一级的精神生活与道德生活之绝对自由之存在。若我们诚心追求自由，则不得不向往于耶稣之上十字架与夫岳飞之在风波亭受刑之这一种内心精神之绝对自由，不受身我与社会我之一切束缚之表现。

照裴斯泰洛齐的话，人类生活，先由自然情状演进到社会情状，再由社会情状演进到道德情状，有此递演递进之三级。但人类生活，并不能过桥拔桥，到了第二级，便不要第一级。人类生活则只有因于进入了社会情状中，而从前的那种自然生活的种种情状亦受其规范而追随前进，遂有所改变。又因于进入了道德情状中，而从前的那种社会生活之种种情状，亦受其规范有追随前进，遂有所改变。而惟人类的自由，则必然须在第三级道德情状与精神我方面觅取之。人类因于有了此种精神我之自觉与发现，因于有了此种道德情状的生活之逐步表现出，而不自由的身我与社会我，也得包涵孕育在自由心我之下，而移步换形，不断地追随前进，不断地变了质。因此，人类之追求自由，则只有逐步向前那一条大路，由肉身我自然情状的生活进一步到达社会我社会情状的生活，而更进一步，到达于精神我道德情状的生活，才始获得了我之人格的内在德性的真实最高的自由。我们却不该老封闭在社会关系中讨自由，我们更不该从社会关系中想抽身退出，回到自然情状中去讨自由。更不该连自然情状与这肉身之我也想抛弃，而幻想抽身到神仙境界与天堂乐园中去讨自由。

四

以上所说，或许是人人走向自由的一条正确大道。而中国儒家思想，则正是标悬出这一条大道来领导人的发踪指示者。这一条大道，再简括言之，则是由自然情况中来建立社会关系，再由社会关系中来发扬道德精神。而人类此种道德精神，则必然由于人类心性之自由生长而光大之。

因于此一大道之指点，人不该藐视由自然所给与的身我，因此儒家说"明哲保身"，又说"安身立命"。命则是自然所与而绝不自由者，但人能立命，则把不自由的自然所与转成为自我的绝对自由，而此一转变，则正需建立在自然所与上，因此儒家讲"安身"，又讲"知命"，再循次而达于"立命"。

若要安身保身，则必然须由自然我投进社会我。惟种种社会关系之建立，则应建立在人类之自心自性上，即须建立在人生最高情状之道德精神上。不能专为着保身安身而蔑弃了心性自由之发扬。当由人类心性之自由发扬中来认取道德精神，不该仅由保身安身起见而建立出社会关系，而遽认为服从那样的社会关系即算是人类之道德，或说是人类之不自由。因此儒家心目中之道德，乃确然超出于种种社会关系之上者，而又非必然脱出于自然所与之外者。若在自然所与之外来觅取道德，则必然会于肉体之外来另求一灵魂，必然会于尘世之外来另求一天堂，或说无我涅槃。而儒家思想则不然，因此儒家不成为一宗教。

又因此而儒家心目中之道德精神，必然会由人类之实践此项道德精神而表现出为社会种种关系之最后决定者。如是则修身、齐家、治国、平天下，凡属种种社会关系，皆将使之道德化、精神化，即最高的自由理想化。而社会关系决然只能站在人类生活之第二级，必然须服从于人类生活之最高第一级之指示与支配。如是则凯撒的事，不该放任凯撒管，而大道之行，决不在于出家与避世。

正因为儒家思想，一着眼即直瞥见了"心我"，即直接向往到此人类最高的自由，因此儒家往往有时不很注重到人类生活之外围，而直指本心，单刀直入，径自注重到人之精神我与道德我之最高自由上。当知人类尽向自然科学发展，尽把自然所与的物质条件尽量改进，而人类生活仍可未能获得此一最高之自由。又若人类尽向社会科学发展，尽把社会种种关系尽量改进，而人类生活仍可未能获得此一最高之自由。而若人类能一眼直瞥见了此心我，一下直接接触到了此精神我，一下悟到我心我性之最高自由的道德，人类可以当下现前，无入而不自得，即是在种种现实情况下而无条件地获得了他所需的最高自由了。于是在儒家思想的指示下，既不能发展出宗教信仰，而同时又不能发展出科学与法律两方的精密探检，与精密安排了。

然则在中国儒家思想所用术语中，虽不见有近代西方思想史所特别重视的"自由"一名词，其实则儒家种种心性论道德论，正与近代西方思想之重视自由，寻求自由的精神，可说一致而百虑，异途而同归。

五

无论如何，人类要寻求自由，必该在"人性"之自觉与夫"人心"之自决上觅取。无论如何，人类若要尊重自我、自由、人权、人生，则必然该尊重人类的自心自性，而接受认许儒家所主张的"性善论"。一切人类道德只是一个善，一切的善则只是人类的一个性。必得认许了此一理论，人类才许有追求自由的权利。必得认许了此一理论，人类才可获得自由的道路。否则若专在宗教信仰上，在科学探讨上，在法律争持上来寻求自由，争取自由，则永远将落于第二义。

此乃中国儒家精神之最可宝贵处。而由唯物史观、历史必然论所发展出来的，则只知人有第一我身我，第二我社会我，而不知人有第三我精神我。只许人生活在第一情状即自然情状，与第二情状即政治情状、社会情状中，而不许人生活在第三情状即道德情状中。在此环境中之更不能有丝毫自由可言,即是无丝毫人性可言,亦就不烦再说了。

(一九五五年一月香港《人生杂志》九卷四期,人生问题发凡之五)

一〇　道与命

孔子的人生论要旨,备见于《论语》所讲之"仁"与"知"。孔子的形上学,则备见于《论语》所讲之"道"与"命"。

道,亦称为天道。命,亦称为天命。所以必称为"天道"与"天命"者,正见其已深入于一种形上的境界。

道本指道路言,故庄子曰:"道行之而成。"韩昌黎亦曰:"由是而之焉之谓道。"但孔子所指之道,既不限于某一时,亦不限于某一人或某一群人。孔子所意想中之道,乃一种超越于时代与人群,普泛于时时与世世。换言之,孔子所意想中之道,乃包举古往今来全人类历史长程所当通行之大道。既是包举全人类,亦即是一大自然。故此所谓道,虽曰"人道",同时亦即是大自然之道,因此亦可谓之为"天道"。

然此道,既超越于时时与人人,既包举了古往今来各时代之全人群,则试问此道,何以能入于某一时代某一人之心中,而独为所发现？此在西方哲学家，亦仅自称为爱智者，彼辈亦仅求如何获得此发现，而未尝真信彼辈自己之确已获得此发现，真信彼辈自己之确已具知了此道。具此真信者，则惟人类中之大教主，故释迦宣扬此道，自称上天下地，惟我独尊。耶稣宣扬此道，则认为彼乃上帝之独生子。孔子虽不自居为一大教主，然亦深信其自己之明具了此道。故其宣扬此道，虽不同于释迦与耶稣，然孔子亦必曰："天生德于予。"于是遂由道而牵连及于"命"。因孔子亦深信其所悟之道之大，则决非可以出于其本身之力而获有此悟。

子畏于匡，曰："文王既没，文不在兹乎？天之将丧斯文也，后死者不得与于斯文也。天之未丧斯文也，匡人其如予何。"斯文犹言斯道。朱子注："道之显者谓之文，盖礼乐制度之谓。不曰道而曰文，亦谦辞也。"朱子此注，似微有所未尽。何者？礼乐制度布于世，乃为道。若礼乐制度未布于世，即不成为礼乐制度。固不能谓礼乐制度而具备于某一人之身。然则所谓"文"者，当是所以行道之节次步骤，规模门类。自历史言，文者，乃道之既存已显之迹。自当前言，文者，乃道之推行措施之序。孔子身与斯文，若其得世而行道，乃始有礼乐制度可言。今孔子既未能得世行道，道具于身，未布于世，故仅曰文，不曰道，此非谦辞，乃实辞也。

何以此超越于时时与人人之道，而独明于某一时某一人之心？在孔子言之，此乃天意之未欲丧斯文。此即是天命也。故子贡称孔子，亦曰"乃天命之将圣"，"将圣"即大圣。大圣亦何以异于人，而何以独明具此大道？于是则推说之，曰："此天命也。"然天命既使此大道明备于圣人之身，又何以不使此大道遂明备于圣人之世？岂遂有或人者出力以沮遏之，以使其不行乎？若使于某一时，有某一人者，能出力以沮遏此大道之行，则岂非此一人之力，遂更胜于圣人之道乎？然圣人之明备此道，则出于天命，则岂此一人之力，遂更胜于天乎？若果此一人之力可以胜天意，违天命，沮遏天道于不行，则所谓天，所谓道者，岂不将转屈于此一人之力之下，又何以成其为天与道？故知若果是大道，可以行之世世与人人，则必无人可以沮遏之，既曰无人可以沮遏之，故曰"匡人其如予何"也。

然既无人可以沮遏此大道，而大道何以仍终于不行？在释迦，则说之曰："此由众生无始之积业。"在耶稣，则说之曰："此由人类原始之罪恶。"而孔子，又不然。孔子不归咎之于人，则说之为此仍是"天命"。

故孔子曰："凤鸟不至，河不出图，吾已矣夫！"惟天意不欲此道之行，则虽圣人亦无如何。故非天意，则圣人不得明此道；非天意，亦无人可以使此道不行于天下。

故子曰："道之将行也与，命也。道之将废也与，命也。公伯寮其如命何？"公伯寮何人，乃能沮遏天命于不行？公伯寮既不能沮遏天命于不行，又何以能沮遏大道于不行。大道即本于天命，不仅公伯寮一人之力，不能沮遏此大道与天命，即积一世人之力，亦无法沮遏此大道与天命。夫大道固将推行于世世人人而无阻，而岂一世之人之力所得而阻之。且若此一世之人，将合力以阻此大道之行，即此道者，固得谓之大道否，亦诚可得而怀疑矣。孔子固谓"道不远人"，若道而远人，则不得谓之道。夫既道不远人，则人心必不欲违道。故曰："斯民也，三代之所以直道而行也。"惟其道不远人，故人心必不欲违夫道。换言之，固无一世之人，皆欲违此道，而此犹得谓之为道者。既谓之道，必将有当于人心，故决无有人人出力以违道之事。人人既无意于违此道，而任何一人或数人之力又不足以沮遏此道，而此道终于不得行于世，则非谓之天命而莫属矣。

释迦推原此道之不行由于众生无始之积业，耶稣溯述此道之不行由于人类原始之罪恶，而孔子独信此道之不行，不属于人事，亦出于天意。此乃孔子之至仁，亦即孔子之大智。然天意何以不欲此道之竟获大行于此世，天之用意又何在？此则最为难知者。而圣人之知则必以知此为终极。故曰："吾五十而知天命。"又曰："不知命，无以为君子。"孔子既以行道于天下为己任，故曰："吾非斯人之徒与而谁与。"又曰："我何以异于人。"孔子不欲异于人，故所以负有此任者，亦归之于天命，故曰："天之降大任于是人。"而此道又终于不获行，亦仍归之天命。故曰："不怨天，不尤人，下学而上达，知我者其天乎！"

何以不尤人？因孔子深知无人可以沮遏此道之遂行，亦无人愿意沮遏此道之遂行者。则于人乎何尤？此道之不行，既非出于人心与人力，则必出之于天意。天意既沮遏此道，又何以不当怨？因道既本于天，而此道之所以获明于斯世与斯人者，亦出于天意，则天意终无可怨也。若怨天，斯无异于怨道。若尤人，亦无异于尤道。今既将以行道为己任，故不怨天，不尤人。而道则终于不获行，则必求其所以不获行之故，又必求其所以终获行之方，于是使圣人遂愈益明夫天，愈益明夫人。换言之，则愈益明乎命，愈益明乎道。故曰"下学而上达"。

然此种真理，则终难骤得世人之共信与共明，孔子曰："我非生而知之者，好古，敏以求之者也。"又曰："生而知之，上也；学而知之，次也；困而学之，又其次也。"然其知一也。孔子既不欲自异于人人，自居于生知，则必为学而知之者。学必遇有困，道之不行，吾知之矣，此为孔子所遇之困之最大者。困而不废于学，不怨天，不尤人，于是由下学而上达。所达愈高，所知愈深，而知之者愈无人。故曰"知我者其天乎"。

然则惟孔子知天，世人因不知天，遂亦无从知孔子。

道与命之合一，即天与人之合一也，亦即圣人"知命""行道""天人合一"之学之最高之所诣。故孔子虽不自居为教主，而实独得世界人类宗教信仰中之最深的领悟，宜其世不知、道不行，而不怨不尤矣。

（一九五四年作）

一一　人生三步骤

一

诸位先生，诸位同学，今天我的讲题是"人生三步骤"。人生是指我们人的生命。我们每一个人的生命的发展过程应该有三个层次，或者说三个阶段。我所说的话都是根据我们中国人一种传统的旧观念，或许和现代人的观念有一些不同。今天我所讲也可以贡献给诸位，作为讨论人生问题的一种参考。

我们讲人生三步骤，第一步骤应为"生活"。人的生活如衣食住行，它的意义与价值是来维持和保养我们人的生命存在的。也可以说生活是生命存在一种必须要的手段或条件。譬如我们讲食和衣，所谓食前方丈，我可以吃一桌菜，前面放着见方一丈的很多食品，同颜渊的一箪食、一瓢饮，双方的意义与价值是同样的,没有很大的分别。又如穿衣,大布之衣,大帛之袍,同穿锦衣狐裘,双方的意义与价值还是差不多的。饮食为御饥渴,衣着为御寒冷。住可以有高楼大厦,但是像颜渊居陋巷,在贫民窟里,诸葛亮高卧草庐,在一个茅篷里,外表看来双方好像很不同,实际论其在生命的意义与价值上,还是差不多,没有什么大不同。依次讲到行,高车驷马,古人驾车是用四匹马。孔子出游一车只有两马,老子出函谷关只骑一条驴子。普通人就徒步跋涉了。其实在人的生命之意义与价值上,仍是差不多。直到今天科学发达,物质文明日新月异,我们的衣食住行同古代历史上的绝不相同了,但实际照我们人的生命立场讲来,衣还是衣,食还是食,住还是住,行还是行,在生活形式上古今虽有别,但在生命的意义与价值上,还只限于第一阶段。纵说在生活上有一些进步,仍只限于生命的维持与保养之手段上,还是差不多。

说到植物动物,亦都有它们的生活,亦都有他们维持保养生命的手段。所以生命中之第一层次即生活方面,比较接近自然,可以说人同其他植物动物的生命,相差得不很太远。孟子说"人之异于禽兽者几希",即是此意。进一步说,我们是为要维持保养我们的生命才有生活,并不是我们的生命为着生活,而是生活为着生命。换一句话讲,生活在外层,生命在内部。生命是主,生活是从。等于说生命是个主人,生活是个跟班,来帮这个主人的忙。生命获得了维持和保养才能有所表现。接着再说人的生命该有什么表现呢?表现在哪里呢?生命不是表现在生活上,应该另有它的表现。这就要讲到人生的第二步骤,讲到人的生命发展过程中的第二个层次,即是人的"行为"。换句话讲,也可以说人的生命应表现在人的"事业"上。

二

我们有吃、有穿、有房屋住、有车马行,这也可以说是我们人的行为。然而这个不够,这些只是人生行为和事业的先行步骤,我们应在超乎衣食住行的生活以外,或说以上,另有一番表现。我们在这个世界上,不是专为吃饭,专为穿衣,专为住房子,专为行路的。我们应该除了衣食住行以外,另有我们人生的行为,兼及事业,此始是人生之主体所在。所以我们要求生活,要求衣食住行的满足,只需是最低限度的,能够维持我们的生命就够了。下面是我们的行为了,人生的第二步。此一部分却不能仅求其最低限度之满足,而应有其无限发展之期望。

今天我们每一人要一职业,亦成为生活中一手段。我要解决衣食住行生活的要求,我才谋一个职业,拿多少工作来满足我最低限度的生活这就够了。职业当然也可说是一种行为,而我们应该另有一种行为,超乎职业之上的,并扩大到职业之外的。我们这种行为是什么呢?举中国古人所讲,则是修身、齐家、治国、平天下,这才算是我们的行为。

修身不是一职业，职业之外还有许多方面该要修，更该注意。诸位或许听了"修身"两字就生起反感，认为它是一种束缚我们人的旧道德旧规矩。其实中国人所谓的修身并非如此。今天大家讲我们的人生要自由，要平等，要独立。我们就举这三点来讲吧。修身就是我们最大的自由。职业是没有自由的，你做一份职业就有这一份职业的限制。修身是个人的。我们讲自由应分两部分讲，一部分是消极的自由，一部分是积极的自由。诸位认为自由是一个积极向前的，然而我们每一个人在一个大的群、大的团体、大的社会里面，他不能有无限的自由。诸位今天来听讲，大家各坐一个位子，不能随意离座走动，就是大家自由的限制。大家可以自由的，是一种消极的自由。修身主要就是一种"消极的自由"。譬如说我们讲话做事，有的事情我不肯做，有的话我不肯讲。你要我做要我讲，我不做不讲，这是我的自由。我的消极的自由。

诸位将来个人有了职业，或许会碰到一件事要你做而你不肯做，要你讲这句话你不肯讲，这是你的自由。人必有所不为，而后可以有为。我们每一个人一定要有我不肯做的，那么第二步可以做你该做的，你能做的，你要做的。我们人必然要有所不为。有所不为，就是我们消极的自由。我们为解决生活谋一职业是不能不做的，但吃饱了，穿暖了，生活上最低限度的要求满足了，即该自知够了，不再往上要求。那么我可以表现我个人自己一番的行为。倘使你在生活上要求无限的向上，那么我们人生变成专为生活而有人生了，手段变成了目的。我们要有所不为，甚至于到了中国古人讲的杀身成仁，舍身取义，杀身舍身也有所不顾，这是自由的。这也是一种消极的自由，但却是一种大无为精神的表现，说是消极而实是积极的。如文天祥在元朝监狱里，他就有所不为。你要叫他这样，他绝不这样。杀身成仁，舍身取义，这是他的行为，不是他的生活。专为谋求生活而讲，文天祥可算是世界人类中间最愚蠢的一个。照行为来讲，文天祥不仅是中国历史上，就是在全世界人类中，都可以说是第一等的人物。这才是我今天讲的所谓消极的自由。

我们一个人只要肯有所不为，不肯讲我不要讲的话，不肯做我不要做的事，不论他是大总统、大统帅、大企业家、大富大贵者，不论他是农民、工人、一贫贱者，在行为上讲来，都是平等的。他们的分别只在生活上职业上。但他们做人的精神是平等的。我们讲平等要从这种地方讲。如只从生活上职业上看，人与人怎么能平等呀。香港有五六百万人，专从生活上看，人人不平等。整个世界各地的人类生活都不平等。要表现平等只能从一种行为的精神上来表现。

我们讲到独立，也只有从这种地方来讲。只有各人的行为是可以独立完成的。你要我讲这句话我不讲，你要我做这件事我不做，这是独立。诸位谋一个职业来解决你的生活问题，怎么能独立呢？我们没有看见一件事情、一个工厂、一个商店、一个学校，乃至于一个军队、一个政府，参加进去的人，可以各自讲独立的。诸位到大学来读书，你们能独立吗？只有碰到一件事有关你个人的言行，你可以这句话绝不讲，这件事绝不干，所谓消极的自由，每一个人都有。行为之可贵就在这里。

有的事情富贵的人可以做，贫贱的人不能做。有的事情贫贱的人能做，富贵的人不能做，这是无法平等的。只有中国人讲的修身，这一种行为的精神，就如我刚才举的例，这是平等的，这是自由的，而同时这是独立性的。可见我们古人所谓的修身，到今天还是有意义有价值。再隔三百年三千年，这种意义与价值还是存在的。

修身是第一步，第二步是齐家。哪一个人没有家呢？固然有人没有家，这是极少数中之极少数。我们每人都有一个家，我们普通都有一家共同的生活。我们有了家，我们就该有一番行为来齐家。父慈子孝，兄友弟恭，夫妇好合，一家这样才是人生中有意义的生活。这要我们有意义的行为来达成，才能齐家。

我举中国历史上两件很不平常的故事来讲。古代有个舜，舜有父亲母亲弟弟四个人一个家。父母弟三人共同打算要害死舜，这个我们不详细讲。然而舜到最后，他不离家出走，却使得他的父亲母亲弟弟都被感化了，终于保全了这一家。当然以后社会很少碰到像舜这样的家庭。而我们中国古人就举这一件故事来教我们齐家。诸位的家庭断然没有像舜的家庭这样的艰难困苦，但还不能齐家，为什么？

我再举另一个例，就是周公。周公的父亲是周文王，哥哥是周武王。周公帮武王打天下，武王不幸死了，武王的儿子是成王，当时还是个小孩子。周公的上面还有一位哥哥是管叔，管叔派在外边，朝廷一切大权都在周公手里。中国当时王位继承的规矩有两个。一是哥哥死了，弟弟接下去，那么应该轮到管叔。一是父亲死了，儿子接下去，那么应该是成王。但是成王年纪太轻，周公知道管叔不能担大任，所以才令成王继位，而又自己当朝摄政。管叔听了被征服的商朝敌人的话，就起来反对。周公不得不出兵东征，把管叔杀了，回来再帮成王统治天下。成王年龄长大了，周公才把大权交出，这所谓"大义灭亲"。周公当时遇到了这样一个有困难的家庭，他这样处理，这也是齐家。这是我举两个大家知道的历史上特别的例来讲齐家。下面中国历史上的所谓齐家的故事，还有很多例，都是这一种精神。

我请问诸位，诸位要谋职业，要解决生活上的衣食住行，怎么能没有家呢？你有家就有夫妇、父母、子女，在差别中求配合，就是齐家之"齐"。所以要修身，兼要齐家，齐家是修身方面一件极重大的事。这是我们人生的行为，同谋职业解决生活不相干的。

我再举《论语》上说的一故事。有一人，他的父亲在附近偷了人家一只羊，人家查问他儿子，那羊是不是你父亲偷的，那儿子当然知道自己父亲偷了人家的羊，但是你是他儿子，你不能直讲，你只能说我不知道，不能说这只羊是父亲偷来的。后来的人就说，天下无不是的父母。父母尽有很多不是，像舜的父母，要杀儿子，还是吗？这个父亲偷了人家的羊，但他的儿子不肯对人直说，这也是修身。修身和齐家打成一片的。诸位想一想，倘使你的父亲做了一件不应该做的坏事，你处什么态度呢？你只能让别人来检举，你不能附和别人，因为他是你的父亲。一个人只有一个父亲，一个母亲，在我讲来父母纵有不是，我只能私下谏劝，不该当众指摘他不是。若说这是私心，天下哪里有都是大公无私的呀！吃饭，我一口口吃，这是私的。穿衣，穿在我身上，也是私的。房子由我住，还是私的。哪有不私的呢？修身齐家不是讲个人主义，不能只有你。没有父母，你又从哪里来的呢？修身齐家亦不是讲社会主义，身与家都有私。这里可以讲中国人一种行为道德，是公私兼顾的。你不直说父亲偷羊，这个在中国人讲来是一种消极的自由。你可以尽你的心，尽你的力来修身齐家，这是你应该做的，这亦是大家平等的。我应该修身齐家，你也该修身齐家，大家独立平等的。我修我的身，我齐我的家，你修你的身，你齐你的家，不应该逃避。但这是人生，不是生活。修身齐家之外，下边还有治国平天下。

我请问诸位，我们大学毕业了，在我们中间究竟有几人能做大总统，做国务总理，做三军大统帅，或者做教育部长经济部长，要我们来治国呢？恐怕一百人一千人中不能出一个，乃至一万人中不能出一个。或许今天香港五百万人中没有一个。这是没有自由的，不能平等的。在此方面，中国人说"有命"，要碰机会，碰命运，不是你要如此，就可以如此的。我们只能先修身齐家,要治国一定要从修身齐家起。所以我们只能守己以待时,安己以待命。身不修,家不齐,你怎么能治国呀!我请问你对一个身,对一个家,五个人,八个人,你尚且没有办法,整个的国家你又怎能有办法。我们固然可以希望碰到一个机会,让我能出来治国,乃至于平天下。但我们当前该做能做的,则是修身齐家。而在修身齐家中间,所该做能做的,是要做一个有所不为的人。譬如说,我在家里和家里人一同吃饭,我不能拿我喜欢吃的菜放在我的面前来吃,这也是有所不为。又如穿衣,我只能穿我自己的,不穿别人的,这又是有所不为。这些都是一种消极的自由,至于积极的自由不是人人可得的。所以中国人讲行为就是修身齐家,然后乃能及到治国平天下。

诸位可以做学问,可以立志养志,可以爱国家爱民族,一旦有机会我可以出来治国平天下。至于预备工夫,则是修身齐家。修身齐家是我们的行为,而治国平天下则可算是我们的事业。这些是我们人生的第二步骤。

照我个人所了解的中国古人的意思,"生活"同"行为"同"事业"这三层一定要分开。我们不能拿生活来包括了行为与事业。而我们在行为和事业上,一定要分"消极"和"积极"两方面。消极的大家能做,没有人不能做;积极的有人能做有人不能做。甚至于少数人能做多数人不能做。我们有此志,却不能必然要达成。行为属于个人的,个人管个人的行为,然而亦属于团体,由我一个人,可以及到一个家;由我一个家，可以及到国家天下。不是拿家庭来压迫个人，拿国家来压迫家庭。我有所不为，不受外面压迫，这是人的生命一种自然应有的表现。个人、家庭、国家、天下，是可一体相通的。我们古人对人生一切看得很通达很透彻，才能有此想法。

我们一个人最多不过一百年，能活到九十八十的也很少。三十年为一代，一百年已三代。过了一百年，这个家里的人完全换了，此所谓人生无常。世界各宗教，无论耶稣教、回教，乃至于佛教，都讨论到这个问题，独有中国人不来特别讨论此问题。我们中国人就在此人生无常的现实状况之下安心了。我倒要问一声诸位，我们为什么要修身？为什么要齐家？为什么要杀身成仁舍身取义？那么就该讲到我们人生的第三个阶段、第三个步骤了，这就是我们人生的"归宿"。

三

我们人生有个开始，就是要吃要穿要讲生活。不然怎么能保有此人生呢？人生要有开始，可是也要有个归宿。诸位在此听讲演，听完了，各人亦该有各人的归宿，或者回宿舍，或者回家，不能老在此讲堂。我们整个的人生都该有个归宿。从开头到归宿的中间这一部分就有行为或事业。归宿是个什么呢？中国人讲归宿同一般宗教的讲法不同。宗教说人死了灵魂上天堂，或者下地狱。中国人不说他对，亦不说他不对，把此问题暂置不论。中国人只从人生来讲人生。中国人讲人生的归宿在"人性"。天命之谓性。凡是一个生物,一定有它的性,一只洋老鼠、一只小白兔,都有性。洋老鼠有洋老鼠的天性,小白兔有小白兔的天性。不讲动物,讲到植物。诸位能栽花,一种花有一种花的天性。你要照它的天性去养它。你种盆兰花,你要照兰花的天性去养它。你种盆菊花,你要懂得菊花的天性。你养条牛,你要懂得牛的天性。你养匹马,你要懂得马的天性。那么我们人呢?我们人有生命,当然就有性。人和动物不同处,在人的天性高过其他动物,不容易知道。不仅别人不知道,你自己或许亦不知道。诸位到学校来读书,你们选了文学院,以为是你性之所近或性之所好。隔了几年,或许你会更喜欢理学院。理学院的人也如此,隔了几年觉得我学文学更适合自己的天性。自己不知道,自己的父母也不易知子女的天性。因人的生命比动物高了,所以人的天性亦比动物难知。但人的一切行为又必须合乎他的天性。诸位说人的生活亦有性之所好。如我摆两个菜,一个鸡,一个鱼,你喜欢吃鸡呢?还是吃鱼呢?一下就易知,这是简单的。若你学文学,究竟喜欢诗歌还是散文,这就不易知了。散文中,你喜欢韩文还是柳文,亦不易知。这些都该用工夫才得知。人的其他行为都如此。但总之人的行为要合乎自己的天性。

为什么我们中国人要提倡孝呢?中国人认为孝是我们人的天性。诸位能不能反对说孝不是人的天性。你且从你弟弟妹妹初生下来看他对父母的感情。你自己到了年龄大了,你想念不想念你的父母亲。到你老了，父母死了，你是不是还会追念到他们。这要拿事实来证明，不是一个人可以发表一篇论文来辩论的。像此之类，我不多讲。

我们如能圆满我的天性，完成我的天性，自会得到"安乐"两字做我们人生最后的归宿。我天性喜欢这样，我人生的行为事业表现亦是这样。这样做，我心里才安，才会感到快乐。我请问诸位，我们的人生除了安与乐还有第三个要求吗？我们吃要吃得安，穿要穿得安，"安"是我们人生第一个重要的字。安了就能乐。我们看社会上大富大贵的人，或许他不安不乐，极贫极贱的，或许他反而安乐。诸位应该学争取富贵呢？还是学安于贫贱呢？我刚才讲的大舜，他家是贫贱的。周公，他家是富贵的。富贵贫贱只是人生一种境遇，我们要能安，我们要能乐。只要我们的行为能合乎我们的天性，尽可不问境遇，自得安乐。

我们中国人又常言德性。什么叫德呢？韩愈说："足于己无待于外之谓德。"可见"德"就是"性"。在我们自己内部的本就充足，不必讲外面的条件，只要能把来表现就行。譬如说喜欢，喜欢亦是我们的天性，人自会喜欢，不需再要条件。快乐亦是我们的天性，人自会快乐，不需再要条件。哀伤亦是我们的天性，人自会哀伤，不需再要条件。人遇到哀伤时不哀伤，便会不快乐。如遇父母死了，不哭，你的心便不安，也就不乐。哀伤反而像变成为快乐了。怒也是我们的天性，人自会发怒，不需再要条件。发怒得当，也就像是一种快乐。喜怒哀乐都是感情，从我们的天性来。每个人都有从大自然中带来的这份感情，不待外面另有条件来交给我这些感情。我不识一个字，我也有喜怒哀乐。诸位看街上不识字的人多得很，或许他的喜怒哀乐比我们反而更天真，更自然，更能发泄得恰当而圆满。我们人生最后的归宿，就要归宿在此德性上。性就是德，德就是性。也可以说是上帝给我们的，所以我们古人亦谓之"性命"。我们要能圆满发展它。

四

我们的身体是父母生的，也是上帝大自然给我们的。它可以活一百年。能活到一百年固然好，能活九十八十也算好了。十岁二十岁就夭亡了，这是很可惜的。

身体之内有个"心"，生命之内有个"德"。"德性"乃是由天所赋，尽人相同，可以不只一百年，可以绵延到几千年，几万年。人的生活到死完了，人的德性可以保留在你的儿孙身上。亦可保留在大群人的身上。喜怒哀乐古人有，今人亦有，将来的人还是有。这个人能表现一种十分恰当圆满的喜怒哀乐，可做人家榜样的标准的，中国人称他为圣人，或者称他为天人。与天、与上帝、与大自然合一。我们人生到这个阶段，可以无憾了。我们修身齐家，能喜怒哀乐合于天性，亦可以无憾了。人的生命归宿就在此。所以我们做人：

第一，要讲生活，这是物质文明。

第二，要讲行为与事业，修身齐家治国平天下，是人文精神。

第三，最高的人生哲学要讲德性性命。德性性命是个人的，而同时亦是古今人类大群共同的。人生一切应归宿在此。

我想我们人生不能超出此三步骤。中国古人讲人生就是这三个步骤。诸位听了我的话，去读中国孔孟庄老的书，或许可以多明白一点。至于这个话对不对，合理不合理，诸位可以拿现代的人生、现代的观念加以思考，来作比较。自然亦可由你们再作批评。今天我的话不是一种教训，我只是把自己所了解的中国古人的话，来介绍给诸位。

（一九七八年香港大学演讲，刊载是年十二月十九日《中华日报》）

一二　中国人生哲学（第一讲）

诸位先生，我最近眼睛看不见，不能看报，亦不能看书，已经两年了。所以今天同诸位讲话，并不能事先翻书好好作一番准备，所以这只能算是闲谈，请诸位原谅。

我的题目叫"中国人生哲学"。这个题目，是院方指定要我讲的。我认为中国并无所谓哲学，哲学是西洋人的一种学问，我们翻译过来称之为哲学。中国并无像西方般的哲学，只能说中国人有中国人的思想。思想的方法道路，一切同西洋人所谓哲学思想并不同。所以不能说中国有哲学。倘使说中国有哲学，只是比较偏于人生方面的。倘用中国人自己的话来讲，应说我是来讲中国古人所讲的一些做人道理。但不如依照院方指定用"人生哲学"四字比较通俗，亦不会引起人反对。

一

我们讲到人生，照理世界人类生在同一天地之间，应该是差不多的。不过每一件事，从这一面看，和从那一面看，总是有不同。所以人生可以说是大同而小异的。同一人生，尽可有许多的不同。譬如说，照今天来讲，中国人是中国人的一套，印度人是印度人的一套，阿拉伯人是阿拉伯人的一套，欧洲人是欧洲人的一套，非洲人是非洲人的一套。为什么呢？因为天时气候不同，地理山川不同，物产动植矿都有不同。而我们人的行为习惯，在这不同的大环境之下，亦有不同。从有人类到今天，究竟是一百万年呢，还是两百万年呢，还是更多呢？现在还没有一个定论。我们有历史记载已经几千年了，这长时间的经历不同、传统不同，成为我们人生与文化的不同。或许不同的比同的更重要。中国人就是中国人，印度人就是印度人，欧洲人更是欧洲人。

今天我们讲学问。我认为有一套学问，现在大家知道了，而还没有详细去研究。这套学问即叫做"文化学"。"文化"这两个字，西洋人开始创造使用，不过是近代两百年内外的事。英国人最先叫做 Civilization，德国人继之，改称为 Culture。中国人把 Civilization 翻成"文明"，把 Culture 翻成"文化"。这"文化"与"文明"两词，在中国已有两千多年的来源了。《易经》上说："观乎人文，以化成天下。"又说："天下文明。"这是我们这两词的来源。

现在我们再讲，什么叫做文化？这个问题现在还有很多的意见、很多的讲法。我姑照《易经》上这两句的原意来讲，人文是说人生的各种花样，这便是我上面所讲人生的"小异"。但我们该把这许多小异来化成"大同"，这就要像是天下一家了。所以中国人在国之上，定要加一"天下"一词。倘使国与国之间，不能趋向大同，这又哪里来有天下呢？

从前中国人印度人彼此交通不多，和中亚西亚以至欧洲交通更少了。现在的世界，交通到处方便，应该成为一家了。那么我们中国人，不能像从前关着门的不懂欧洲人。欧洲人亦不应该像从前关着门的不懂中国人。因此今天以后，我们要讲世界和平，第一个条件，要你了解我，我了解你。先要有一种所谓"人类文化"的知识。

文化二字讲得浅，就是人生的花样。我们从里面讲，宗教、科学、哲学、文学、艺术、政治、法律、经济，一切的一切，都是人生的花样，都从各自的文化展演出来。这样讲比较困难。文化表显在外面的，就是我们的"人生"。人生当然是一个总全体。中国人是这样的一套人生，印度人欧洲人又是那样的一套人生。我这四次讲演，就是要讲中国人的人生。而我特别先要讲的，是讲一百年来的中国现代人生。

二

我今年八十六岁，我出生是甲午年的下一年乙未，就是台湾割给日本人的一年。我小孩子的时候，绝不会想到我的老年会在台湾过。我们现在普遍有句话，报上说，嘴里讲，求变求新。我们都要变，要向新的路上变。但中国这一百年来，实在已变得太大了。今天的中国，绝不是我小孩子时候的中国了。今天的中国人，亦绝不是我小孩子时候的中国人了。已经变得很大，亦可以说变得很新了。我们还要求变求新，我们究竟要变到什么一个阶段？什么一个形态？怎么样的新？这是当前我们每一个中国人的人生问题。

我们在一百年前，康有为梁启超就讲变法维新。这只是在政治上求变求新，并不是整个的中国人生一切方面要变要新。当时有一句话，"中学为体，西学为用"。我们要变，我们要有学问，要有知识。而当时的讲法，我们应该以中国人的学问为体，西洋人的学问为用。怎么叫"体"呢？如耳目为体，视听为用。耳目不可变，所视所听则可变。又如身为体，衣服为用。中国的学问是个本体，西洋的学问是可拿来帮作一用的。这两句话我们都说是张之洞讲的，实际上梁任公亦曾讲过，不过我现在不能翻书了，我不能告诉诸位梁任公讲这两句话在什么书上。我记得有这件事，现在暂不细讲。

到了我小孩的时候，中国实在已经变得很大了。讲我小孩时一个故事吧。我从私塾跑进国民小学，那时候小学里最看重的是体操唱歌。因为国文历史还是一套旧的，体操唱歌都是新的。我们的唱歌先生是个日本留学生，这位先生了不得，能做诗、能填词、能画画、能写字，当然还能写文章，而到日本去留学。回来教我们唱歌。因为我们中国开始要变要新，而那时是一个满清政府，有一个满洲皇帝。所以我们只求照日本人，或者照德国人，同样有皇帝的国家来变。因此我们派出去的留学生，到日本的最多，到德国的次之。不过我们的心里面讨厌日本人，因为甲午年就吃了日本人的亏了。特别喜欢德国人。但唱歌是一门新课程，当时只有这一位先生能教，所以我们亦特别看重他。

另一位先生教我们体操的，这位先生到过上海读书，他教的体操一课是从上海学来的。他有旧学问，又抱有新思想。有一天，他问我说，我听说你能读《三国演义》，是吗？我答是的。他说，这书不要读，它开头就说天下合久必分，分久必合，一治一乱，这些话就都错了。这是我们中国历史走错了路，才有这样的情形。现在的英国人法国人，他们合了不再分，治了不再乱，哪会像中国人所说的天运循环呢。诸位听呀！这个话，是在清朝光绪时，一个乡村教体操的老师所说。这在我的脑子里，可以说是第一次接受到新思想。我到今天记得清清楚楚。后来我知道他是个革命党。他还说，你知道不知道，我们的皇帝不是中国人，是满洲人呀！这个不讲了。

到辛亥革命，创造了中华民国。下面不久就又来"新文化运动"。新文化运动提倡一口号，所谓"全盘西化"。我们一切要西化，可是当时所谓的西化，新文化运动，仅只在杂志报章上宣传，并且都讲的是些思想问题。孔子老子，这样不对，那样不对。重要的是批评我们的旧中国、旧思想，要变出新的来，有两项，一称赛先生，指科学；一称德先生，指民主。后来我到北京大学去教书，与提倡新文化运动的主要人物胡适之等人为同事。其实当时提倡所谓新文化运动的人并不多。各学校的教师和学生们，乃至于北平全社会，还是一个旧中国、旧社会。只不过有一套新的潮流、新的运动，在那里活动。

对日抗战时，我到了云南四川各地。大陆赤化，我到香港、到台湾。详细不讲。可是在今天，台湾的一切，和抗战时的大陆全不相同，和五四运动时的大陆更不同了。今天我们没有人在这里批评旧中国、旧思想。中国旧书今天不读了，难得有几个人读，这是同从前的小学生、中学生、大学生，以及一般的知识分子，大不相同了。今天我讲一句话，我们人还是一中国人，而我们想的、讲的、写的，已是完全外国化西化了，不再是以前中国的一套了。你说的是一句中国话，但实际上，论其内容，则是一句外国话。你想的亦是外国人的想法。诸位或许认为我的话讲得过分了，让我慢慢举例。

三

中国人究竟要怎么样的变？要怎么样的新呢？其实很简单，我们就是要专门学西方。日本人亦是学西方。我们开始要学德国日本，以后要学英国法国，今天我们要学的是美国。我举一个极简单的例，从前我们在大陆，当时说全中国有四万万人，大学并不多，每一年由国家考试派出去留学的很少很少，自费留学这是更难了。现在台湾一年有多少人到国外去留学，只此一点，就可以明白了。我们的变，已经变得很大了。

我们现在要变向西化，这谁也不能否认。我先发出一问题，我们究竟学得到或学不到，化得成或化不成西方人？这是问题。诸位说，我们要求变、我们要求新，其实就是要学西方人，而我们不知道西方人是不变的。我举个例来说，譬如希腊人到今天还是希腊人，而希腊在马其顿到罗马帝国时早已亡了，但是今天希腊还是个希腊。罗马人统一了意大利半岛，再征服地中海沿岸，而建立罗马帝国。帝国亡了，今天意大利这个国家只有一百多年的历史，但是意大利人还是意大利人，仍然不变。这个犹可说，诸位拿地图看看，西班牙、葡萄牙有多大，西班牙是个西班牙，葡萄牙是个葡萄牙，亦到今不变。荷兰、比利时，英国、法国，都如此。英法只隔一个海峡，飞机往来很快，然而英国是英国，法国是法国。其他各国他们亦都不变。譬如英伦三岛，英格兰、苏格兰、爱尔兰都在一块儿，同是一英国，然而今天英格兰是英格兰，苏格兰是苏格兰，爱尔兰是爱尔兰，仍不变。所以我说西方人是喜欢分的。

西方人同西方人中间分，那么西方人同其他的人当然更分了。英国人统治印度多少年，但今天印度人仍是印度人，没有变成英国人。英国人统治马来亚人多少年，但马来亚人仍然是马来亚人。英国人统治香港一百年，但今天香港人仍是中国人，没有变成英国人。英国人只要统治你，并不要你改变成一英国人。西方人重法律，但英国人统治香港用两个法律，一个是英国法，一个是中国法《大清律例》。中国社会男女、婚姻、家庭、财产种种关系，打官司入讼了，英国人便以《大清律例》来裁判，这算英国人的开明了。然而换句话来讲，便是英国人不希望中国人亦变成英国人。对印度人马来人及其他殖民地的被统治人，都一样。

美国人本来是英国人。然而诸位要知道，大英帝国的殖民地遍于全世界，他只能统治不是英国人，不是白种人。自己英国人他反而不能统治。如像美国人，它要独立，就得让它独立。美国一独立，加拿大、澳洲虽属大英帝国，实际亦独立了。似乎可说，英国文化是崇尚独立的。他可以统治印度人、中国人、非洲人，凡是英国人跑到外边，就不受英国统治。所以我说，西洋文化"贵分不贵合"。

美国讲民主政治，今天有两个大问题。一个是犹太人，在资本主义社会中抓到财权。一个是黑人，在民主政治下，有他们神圣的一票。美国立国到今天两百年，犹太人还是犹太人，黑人还是黑人，都没有能化成为美国人。再隔五十年，再隔一百年，犹太人财权日涨，黑人人口日繁，试问美国又会变出什么新样子来？

今天我们中国人最崇拜美国，并且谦虚好学，一意要学他们。但是中国人还是中国人。旧金山中国城完全是中国样，中国人、中国社会，美国人不来管。只要法律上受统治，中国人尽是中国人好了。纽约有黑人区，有华人区，黑人还是黑人，中国人还是中国人。中国人到了美国，传子传孙两百年了，还是个中国人。日本人到美国去，亦还是个日本人。夏威夷是中国人、日本人的社会。可见美国人并不讲究和合与同化。

中国人是最主张"和合"与"同化"的。我小孩时就听人说，中国人很富一种同化的力量，这是不错的。在中国的人，都变成了中国人。我是个江苏人，从来是荆蛮之邦，本不是中国。当时的中国人只在黄河流域，广东福建当时称北粤，但是现在都是中国人了。五胡乱华时，中国国内有匈奴人、鲜卑人等，但到后便尽变为中国人了。蒙古人、满洲人跑进中国，亦就变成了中国人。譬如我举个例，到台湾来的大画家溥心畲先生，他是清清楚楚满洲的皇族，但亦是道道地地的一个中国人。诸位读《红楼梦》，作者曹雪芹，他也是满洲人。但诸位读他的书，他还不是一中国人了。我有一极熟的朋友梁漱溟，他上代是蒙古人。中国人喜欢和合，所以就能同化。西方人喜欢分，所以就永远分。犹太人全世界跑，世界各国都有犹太人。苏维埃有犹太人，德国有犹太人，其他国家都有犹太人。犹太人在唐代亦早来到中国，但中国没有犹太人，他化了。我有一次在课堂讲到这话，有一女学生她是浙江人，她告诉我说，她的祖上恐怕是犹太人，但她现在道道地地是一个中国人。在这一点上讲，西方人喜欢讲"分",中国人喜欢讲"合",这是两方人生一大不同。

我们说"以建民国,以进大同"。这是中国人的想法。认为我们依照西方创建了一个民主国家,便可进到西方的大同世界去。但不知西洋人不要大同。你去读西洋史,看现代的西洋各国,可见他们实在没有一大同的理想。第一次第二次世界大战,这是西洋文化的破裂。现在不是英国、法国,是美国、苏维埃了。苏维埃崛起在一旁,西欧各国应该统一起来,变成一个国家还可以对付。但直到今天,他们只有商业的同盟,每一件事情要许多国家开会。

苏维埃军队跑进阿富汗,美国人出来反对,主张不参加在莫斯科开的奥林匹克运动会。西欧各国到今天还没有一致的意见。有的要参加,有的不参加。即使不参加,心里还是喜欢要参加。说运动和政治是应该分的。这真算是西洋头脑,件件事都要分。有关全世界国际形势的大问题,不该来转移私人参加运动竞赛的兴趣,这叫"个人主义",亦就是民主政治的基本。

我们今天说民主共和,实在是我们东方人意见。我们今天要西方化,学美国人,那么只有"美丽岛事件"。从前英国人跑到美洲,说是政府的赋税太重,不合理,可以要求改轻,英国还是一英国,不必另要成立一美国。倘使这样,到今天这两百年来,英国人在这世界上不得了啦,美国、加拿大、澳洲,全世界各地的英国人,仍在英国同一政府下,这还了得吗？但美国人要独立。今天我们要学美国，叫做平等，叫做自由，这是要分不要合，要民主不要共和。

我们今天的西化，实在似是而非，仍不是西方化，否则中国早不能成为一中国。土地这样大，人口这样多，开始就该照陈炯明主张联省自治，不该要有一大一统的中国。因此我们要学西方便该先了解西方，亦该了解我们自己。我们的"以建民国，以进大同"，这"大同"两字是中国人观念，西方没有。看英国、美国便知道了。看今天欧洲的商业同盟亦就知道了。要学西方就不该再要大同，分与争是对的，合与和是不对的。看苏维埃不是在和美国争吗？我们要学西方，有人要学美国，又有人要学苏维埃，我们就自己争起来。这是我们这一时代的风气，这就是所谓"西化"。

四

今天我们中国人已经用了外国话，外国头脑，还觉得中国还要变。我举一个例，国家最重要的就是教育。我小时候进小学，就已算得是受了西方化的新式教育，后来才有所谓国民教育。今天我们夸称全国的儿童都受了国民教育，文盲很少，但"国民教育"四字就是西洋化，西洋头脑。开始于普鲁士，慢慢推及到欧洲各国。他教你做个国民，奉公守法。你做这一个国家的国民，你要懂得要服从这个国家的法律。但中国人的教育不是要教你做个国民，是要教你做个"人"。

这叫做修身、齐家、治国、平天下。国的下面还有一个家、一个身，国的上面还有一个天下。修、齐、治、平，这是我们每一中国小孩要读的《大学》一书里讲的。我在小孩时，就听人批评中国人没有地理知识，闭关自守，怎么知道有天下。难道他已经知道希腊了吗？已经知道欧洲，还知道非洲了吗？其实这是他不会读中国书，不懂中国观念，拿西方观念来读中国书，拿今天的观念来读两千年前的中国书。其实中国人讲国，仅指一个政治组织。一个国，必有一政府。中国人讲天下，这一个社会、一个人生。政治不能包括尽了全社会、全人生。社会还是永远在政府之上。这是中国人的旧观念。天下是指整个的社会、整个的人生。政治是只能管到人生中间的一部分。

我最近写了几篇文章，自己很得意。有一篇，题目是"国家与政府"。西方人政府就代表了国家。中国人是说，一个国家，必有一政府，这里面就显有大不同。而中国则国家的上面还有一天下。今天则只称国际，但国际并不就是天下。国与国之间仍可有纷争，天下则应是一"和合"的。

孔子要到九夷去居住，他的门人说，九夷陋。孔子说："君子居之，何陋之有。"这是说像孔子那样的人去居住在九夷，九夷的天下就不会小，会变大了。这里面就有中国文化传统人生哲学最高的深意在内。我暂不详讲。我再举一个例，北宋范仲淹为秀才时，就以天下为己任，他说："先天下之忧而忧，后天下之乐而乐。"这个天下，就是指整个的社会。那时候他还没有做政府的官员。又如清初顾亭林说："国家兴亡，肉食者谋之。天下兴亡，匹夫有责。"可见"天下"两字，中国人自有一个讲法，这是超在一政府的政治之上的。我们不能拿今天西方人的"世界观"来讲中国人的"天下观"。中国人现在不读古书了，我们该把中国的旧观念用新的话来讲，不该把今天的新观念来讲中国的旧书，这是不同的。

又如"自天子以至于庶人，壹是皆以修身为本"。这是《大学》书里的一句话。你做皇帝，亦要讲修身，和一个普通老百姓同样要修身。怎么叫"修身"呢？修身就是讲一个做人的道理。讲一个做人的道理为什么要叫修身？这问题我暂时不讲。总之，人人都该讲一个做人的道理，亦就是中国教育主要所讲的。哪里是专要你做一个国的国民呢。

当时学校里有一"修身"课，后来这一课改叫"公民"。这两课程，便大有不同。你现在做"中华民国"的公民，你要守"中华民国"的法令，这就是了。但你还得要做一人，这个观念，西方人没有的。西方人认为大家是个人，都是平等的、自由的。台湾人跑到美国，加入美国籍，美国承认你是个美国的公民，你就该守美国的法律，西方人所要求于人的就是个守法。政府就代表着国家，这便是所谓法治。法治之外，便一切都自由，一切都平等。中国不这样，我们慢慢儿讲下去。

西方教育中有宗教一项，从小孩教到老人，每礼拜要进教堂，这是西方教做人的所在。中国没有宗教，是讲孔子之道的。孔子称为至圣先师，皇帝亦要祭孔。孔子的地位还在皇帝之上。从秦始皇到清朝宣统皇帝，没有一个做皇帝的敢说我的地位在孔子之上。孔子是天下的，皇帝是一国的。孔子是讲的人生大道，政治是人生中一职业。至于法律，是政治上使用来限制人生的。这件事不能做，那件事不能做，这是人生的限制，不是人生。西方人在法律不限制你的地方，便一切自由。但中国人正要在这些自由处来讲究。你在家里做一小孩，有做一小孩的道理。你结了婚，成了夫妇，有做夫做妇的道理。做儿子做媳妇，有做儿子媳妇的道理。你做父母，有做父母的道理。做祖父祖母，有做祖父祖母的道理。离开家庭到社会，亦有做人处世的道理。皇帝亦是人，亦有他做人的道理。所以中国的皇帝亦得从师。李石曾先生的父亲，就是同治光绪皇帝的师。师教学生，主要就在教"做人"。现在我们西方化了，人变成了公民，主要是教你遵守法律。我记得我从小孩到二十岁前，学校里该教修身课还是公民课曾有过争论。到了今天，"修身"两字我们全忘了，只知道有公民课。所以我说，我们今天讲话，即如公民法治等，已经全是西洋话。因发生了"美丽岛事件"，大家说民主政治一定要讲法治。但我们中国人这"法"字是指政府中的一切制度。但有法，没有人，是不行的。中国人一向更不主张专以法律治国。没有说政治是该重法律的。

譬如警察，清朝时代就没有。有一德国人，他跑到北京城外不见一警察，使他大为惊奇。他在中国住下来了，要研究中国社会为什么可以不用警察，于是他读中国书，跑到山西省，老死在中国，成为西方一汉学家。后来他的儿侄辈，他一家都是研究汉学的。可惜他们是德国人，研究中国学问究竟有限，不能有大发明。我在小孩时，乡村以及城市都没有警察的，要到上海外国租界才有警察。可是到今天，我们不可想象，台湾省台北市可以一天没有警察吗？这是中国社会整个变了，而且亦变得够大了。我们在警察之下，我请问诸位，我们应该不应该讲独立，应该不应该讲平等，应该不应该讲自由？但人总是个人，不能紧跟政府警察跑。西洋人讲法治，从他们的文化传统讲是对的。但中国人另有一套做人的道理，单讲遵守法律，是不够的。这是中西双方的文化不同。现在我们要尽量取消中国旧文化，来服从西化，这事究竟对不对，请诸位自作考虑，我不再讲下去了。

五

我今天只讲，我们中国人要学西方文化，这不是一件简单的事。在袁世凯时代，有一美国人跑到中国来，一听中国人讲，中国是两千年的帝皇专制，他就劝袁世凯应该做皇帝。中国既是两千年来的帝王专制，又如何一旦便改为民主呢？今天的美国人，一到台湾便想，台湾人虽然亦是中国人，但到了台湾已几百年，台湾当然该独立。这些都是美国人的想法。我们中国人自己想一想，袁世凯应该不应该做皇帝？台湾应该不应该独立？我们中国人总该有一中国人自己的想法。今天我们学西方人，英国是英国，美国是美国，我们该不该亦还是一中国？美国人有美国人一套，英国人有英国人一套，为什么我们中国人没有中国人一套？我们应该这样学他们才是对的？为什么他们讲一句，我们不加讨论就立刻全部接受？

像最近两三年来，美国总统卡特提起了"人权"两字，一下子我们大家就讲人权。中国从古到今四千年，不曾讲过人权两字。"天赋人权"亦是一句外国话。天生下你这个人，便赋与你一份权，是平等的，独立的。这是西方道理。因此他们上法堂，可以请律师，律师是跟教会来的。耶稣说"凯撒的事凯撒管"，所以他们政教分。律师是为社会人民来保障人权的。美国人离开英国到美洲去，亦为是要争信教自由。他们的宗教能帮社会的，主要是教你死后灵魂能上天堂。后来又来谋求保护你的生命安全，主要是医生和律师。西方的大学教育是从教会开始，除了宣传宗教以外，便是这两事。律师是帮人打抱不平的，法律有冤枉，律师便来替罪人作辩护。伦敦有一律师区域，正可见律师在西方社会上的崇高地位。他们的民主政治必有宪法，亦是用来限制政权的。

中国人既看重了做人道理，便不再有人权之争。小孩在家庭便教他孝道，那何尝是主张父权呢。满到年龄成丁，你才能独立算个人，国家给你田；要你当丁，你可以结婚。未成丁以前，中国人规矩不戴帽。西方人不同，西方人从小就要教他独立。婴孩晚上就独自睡一间房，晚上父母到房间，把电灯一关跑了。小孩不能独立，要叫他独立。老年人不能独立，还得叫他独立。中国人则扶幼养老，并不定要他们独立。我想拿中国道理西洋道理平心而论，一件一件拿来比较，亦是应该的。倘使我是个小孩，我不情愿独立。现在我是一个老人了，我告诉诸位，幸而我还是个中国人，不要我独立。

我下面想要多举这类的例，来讲中国的人生。从中国的人生里面，可以来讲到中国的文化。从这样一条路，来读中国的古书，《论语》《老子》《孟子》《庄子》等，我们便会感觉到书中有另外一种味道。

诸位在"故宫博物院"管中国的许多古器物、艺术品，亦会接触到中国的人生，中国的文化，发生出一套中国味道来。深一层讲，西方亦有艺术。但你到美国到欧洲各国，进他们博物馆，里面只有埃及的、希腊的、中国的，却很少他们自己的。纵使有，亦不占重要地位。他们现代重要的，则另有科学馆。像我们中国陶器、瓷器、玉器，自古相传，直到现代，他们是没有的。为什么会如此？这是有关人生问题文化问题上面的事，须在大本大源上来讲文化人生，才能了解。

我上面讲的话，不是要说中国文化好。这话现在不能说，因为违背了现代大家的心理。不过我要说一句，世界文化里有一套中国的，一套印度的，一套阿拉伯的，一套非洲的。正如在西方文化里，有英国、法国、西班牙、葡萄牙等，现代又有美国的、苏维埃的。我们要在这里面平心观察，我们总该要认识我们自己。能保留的，便该保留。能发扬的，便该发扬。不能一天到晚求变求新。我们已经变得够变，新得够新了。印度、阿拉伯、非洲都不如此。我们到英国、法国、德国、意大利去，他们亦没有像我们这样的变，像我们这样的新。这是我个人一个简单的看法。对不对，且待诸位来判定吧。

一三　中国人生哲学（第二讲）

一

诸位先生，今天我接着讲中国的人生哲学。我且讲一些中国以前的旧人生。我们先讲讲西方的人生。其实今天全世界都在学西方，简单讲西方人生是以个人主义的功利观点为主。今天我们世界有四十亿人口，如果大家都要求个人的功利，这个世界当然要争要乱，不会安定的。而中国以前的旧人生，可以说不看重个人，而看重大群的。可以说是以"群体"主义的"道义"观点为主。

孔子《论语》讲"仁"，西方就没有这个字。换句话说，就是没有这个观念。西方人翻译中国书，比中国人翻译西方书来得谨慎。他们翻译《论语》"仁"字，只用拼音，还另写一个中国的仁字在旁。因为他们没有恰当的一个字来翻译中国这个仁字。这可见孔子所讲仁的道理，西洋是没有的。中国的仁字究作何解呢？历代相传就有许多说法。中间虽互有不同处，但大体说来还是可相通的。东汉郑玄康成说："仁者，相人偶。"这个"偶"字，不仅是两个人在一起才称偶。偶字从人从禺，这禺字加上辶，便是遇。禺字从人，便是偶然的偶。所以人与人相遇成偶，并不专指固定的两人，只要偶然相遇，都称偶。像一个男人，一定要个女人；一个女人，一定要个男人。这是全世界一样的。中国古礼，男孩子要十八岁到二十岁才叫成人，戴上一帽，称冠礼。女孩子年轻一点，十六到十八岁即在头发上戴一笄，就算成人了。男大当婚，女大当嫁，他们就可配婚姻，结为夫妇了。我们讲夫妇，总希望他们成为一对佳偶。不仅夫妇相处说是偶，即人与人偶然相遇亦称偶。便得有一番仁道。我们今天老是讲独立，这是西洋人个人主义的观念。中国人则认为个人处人群中始成人，日常人生必有搭配，哪能一个人单独为人呢。你看中国这个"人"字，一撇不成，一捺也不成，要一撇一捺相配合，才是一个人字。我们每做一件工作，都要有偶。

中国是个农业社会，要耕田，田有一条条的沟，中间一瞵一瞵有一定的宽度。一人拿一把锄头去耕，耕不了这样宽。要两人同耕，两把锄头齐下恰恰好，这称为"耦耕"。这是把耕田做个例，其他工作都一样。又如商业，我卖东西，要你来买的。我卖东西，没有人来买，不成商业了。世界上一切事情都要有个"搭配"，都要能相偶才成。而这些配搭相偶，又都是偶然的，没有前定的。在这配搭相偶中，必该有个道，这就是孔子所讲的"仁道"。这不是个人主义。我并不是帮中国人宣扬，定要说中国人讲仁道是对的，西方人的个人主义是不对的。我不过告诉诸位，从前中国古人像孔子，曾讲过这番道理而已。对不对，让诸位各自去批评，这就是诸位个人的自由了。

小孩子亦有偶的，像他对父亲母亲便成偶，不过这一偶是不平等的。兄弟姐妹相处亦是偶，便较为平等了。要他年过十六、十八成人了，与人结为夫妇，他的与人相偶才得是平等的。

二

这里又要讲到我们的"心"。《孟子》书里说："仁者，以爱存心，以敬存心。"韩昌黎《原道》篇说："博爱之谓仁。"只讲爱，没有讲到敬。诸位要知道，不只是夫妇或男女之间才有爱。人与人相偶，都要有爱。而中国人讲法，要讲"爱"同时一定要讲"敬"。像东汉的梁鸿孟光，他们夫妇相敬如宾，就只提到敬字没有提到爱字。不相爱，又哪能相敬呢。中国古人又特别看重这"敬"字。孔子《论语》第一个字是"仁"字，第二个字是"礼"字。譬如宾主，主人对客人可以没有很大的爱，然而他一定要有一份敬意。我们对父母，不能只知爱，不知敬。《论语》上说："至于犬马，皆能有养，不敬何以别乎。"你可以养头狗养头猫，对它都有一份爱。但人与人相偶，爱上必加"敬"，尤其是对父母。

孟子又说："爱人者，人恒爱之。敬人者，人恒敬之。"你爱他，他也爱你；你敬他，他也敬你。这"爱""敬"两字，我现在再换两个字来讲。我们说亲爱，说尊敬。爱他，就是亲他；敬他，就是尊他。我们一个人生下到这人群中来，必有他相处的对象，必有他所处的环境。我们总要在对象与环境中，有我"可亲""可尊"的，这才是人生最大的幸福。对人爱与敬，可以有分数的不同，但断不能无爱无敬。此种分数的不同，贵在各人自己心理上明白，此即孔子所言的"志"。所以孔子言仁，常兼言志。表现在外面则是礼。所以孔子言仁又常兼言礼。"仁"与"志"与"礼"，则是中国人讲的人生大道，亦可说是理想的人生。

现在我们不这样了。大家都想要人来亲我尊我，但又说人生是平等、自由、独立的。那么你怎么叫人来亲你敬你呢？我亲近他，我敬重他，这是我的自由，我做得到的。你要他亲你敬你，这是他的自由，权不在你，你又怎么办呢？只有你先亲近他，敬重他。客人跑来，主人敬重客人，客人当然回敬主人了。或许说，客人这样想，我要主人敬重我，我先表示敬重主人，那么主人当然敬重我了。

譬如今天我们大家在"故宫博物院"任职，生活条件我们不必讲，但我们在这环境里，总该要有所尊有所亲的对象，我们的生活才感有兴趣。倘使觉得这一环境里的种种对象，一无可尊,一无可亲,那我们的生活又有什么意义呢?像今天我们许多中国人觉得中国无可尊无可亲,所尊所亲只在西方,特别是美国。那么我们今天人在台湾,你说这样的人生有什么意思呀!所以今天许多人把儿女送美国,全家搬美国,他才觉得心里舒服呀!

真要讲个人主义,觉得外边无可尊,可尊的只是我自己。无可亲,可亲的亦只是我自己。这样的人,永远不会满意,不会快乐的。所以中国人在人群中,必先知道有他可尊可亲的对象,这是中国人的人生哲学。所以中国的人生哲学不讲功利,要讲道义。功利是为他个人,道义是对人而发的。西汉董仲舒说:"正其谊,不谋其利。明其道,不计其功。"可见中国人观念,"功利"是和"道义"对立的。对人爱与敬,是人生的道义。若为计功谋利,则并无爱敬可言。

我小孩时听人家讲,"孔子对中国有什么贡献呀",这就是一种功利观念的话。当时孔子只求尽其道,尽其义,至于能有多少贡献,这在孔子并不计较。中国人不计较功利。我们是一个中国人,我们尊中国,亲中国,这是我们的道义。我们便会懂得亲孔子尊孔子,因为孔子便是教导我们这番道义的。若要以功利观点来问孔子对中国有何贡献,则宜乎我们对孔子要无所亲无所尊了。

三

今天我不是讲孔子，不是讲《论语》，不是讲孟子、董仲舒，我是要来讲中国人，整个历史整个社会的中国人。我举一句大家知道的话来讲，天、地、君、亲、师，我小孩时就知道这五个字。这五个字怎么来的，我记得出在《荀子》书中，哪一篇我不记得了。荀子到今天两千年。我特别注意到这五个字，是在一九四九年，我避祸到香港。见到每一层楼广东人家的门外都有一块写上"天地君亲师"五字的小牌位。牌位前一小香炉，烧着三支香，也有点着一对蜡烛的，这是广东人的风俗。我在那时深深感觉到，天地君亲师五个字传了两千年，传遍了全中国，亦传到香港。香港的房子小，这牌位只能放在门外。但中国人看重这五个字，亦可想而知了。我今天就拿"天地君亲师"五个字来讲一讲。

人生在世，照中国人讲法，主要就是天、地、君、亲、师这五个字。我上次已经讲过，人同人是差不多的，不过不一样的。第一个我们讲天，全世界人莫不知尊天，可说是一样的。只有印度佛教说"诸天"，这是说各方的天，他们都要来听释迦牟尼讲道。这是佛教的说法，把天的地位似乎降低了。其他回教、耶稣教，乃至于我们中国没有教，都尊天。现在我们试问天上有没有一个上帝？上帝又是怎么样的？回教和耶教讲的不同。佛教不讲到上帝。中国人固然讲天，亦讲帝，但后来就只讲天不再讲帝了。

孟子说："莫知为而为者，谓之天。"这件事什么人做的，我们不知道，或者是没有人在那里做这件事，而这件事做出来，这就叫做天。那么孟子说天，又和以前人说法大不同了；天就成为无可指名的一个代名词了。但孟子仍尊天，至少是没有一个上帝了。

中国是个农业民族，今年水灾了，明年又是水灾，哪个人在下令成这水灾的？谁也不知道。孔子《论语》说："知之为知之，不知为不知，是知也。"我们的知识，是"知"与"不知"两方合成的。知道我所知的，又知道我所不知的，这才叫"知"。只知道你知的，不知道你有不知的，这怎么叫知呢。至少只是知的一半。今天我们所知道的，我可以说，多半是西方人生，美国人生。中国人从前怎么讲的，怎么做的，我们只能说是我们不知道。你能知道你不知道，这就好了。所以我常劝大家，说到以前的中国，就该说我不知道。不要强不知以为知，这就是你的知了。中国古人看重知，亦同样看重不知。似乎天较可知，而帝较不可知，所以多言天，少言帝。

希腊只限在小小一半岛上，他们以商业立国，商品贸易须发展到外地去。但外地非他们所有，故希腊人不重地。罗马帝国抢得夺得了地中海四围，但罗马帝国的立国还是靠罗马人，对于罗马以外的地，亦只看重它地上的财富而已。直到耶稣教传来，此下的西方人更是只看重天，不看重地。中国以农立国，广土众民，赖地而生，所以中国人看重天，亦同样看重地，这又是中国文化传统一特征。

孟子说："莫知为而为者，谓之天。"庄子则说："道生天生地，神鬼神帝。"把天和地平等连说了。把天和地平等连说，便把天拉近了。把帝和鬼平等连说，便把帝更看轻了。所以会有个天，必然会有番道理的。天上有个上帝，更该有一番道理。不会没有道理而生出天和上帝来的。今天西方的科学像天文学地质学之类，亦都为生天生地来找出一道理来。但西方科学家亦信上帝，只不能把宗教与科学合成一体，说全由上帝来生天地。中国古人则只讲他们知道的，不讲他们不知道的。所以多讲天，少讲上帝，而把天和地平等连讲，则有关天的，又更易讲了。而且地和农民的关系更深更大，所以中国从道家庄子以下，常连讲天和地，而更重要的，是在讲此天和地之道。道有可知，有不可知。但虽不可知，我们总知它应该有一道。

四

现在再讲生天生地之道，有些应该是属于物质方面的，有些则该是属于精神方面的。人死为鬼，究竟人死了有没有变为鬼呢？庄子亦没有说。大家讲天上有个上帝，但究竟有没有个上帝？那上帝和鬼对我们这个世界上又会发生什么作用呢？作用就在这道上。上帝倘使能发生作用，亦该合乎道，不该不合道。而且如何生来有个上帝，亦该有个道，不该没有道。所以我们人亦只该合道就得了，不必再去问上帝。这是中国人讲法。西方人不这样讲。但照孟子庄子这样一讲，中国人以后虽仍信有个天，就不会有像西方般的宗教了。所以佛教来中国，中国人更容易接受。西方的耶教回教，中国人比较难接受。这因我们经孟子庄子这样一讲，两千年来我们大家读孟子庄子的书，我们的思想习惯就难改。现在慢慢来，我们大家不读《孟子》《庄子》，读了亦觉得他们说的没有意义，没有价值了，那么再隔两百年三百年，我们的思想慢慢变，我们容易接受西方的宗教了。你要限时限刻变，这是不成的。

"天"字下边为什么要连带说个"地"字呢？这又是中国人特别的。天上有个上帝，天生民而立之君，我们人由君来管，即是由天来管。天可尊，君亦可尊，但不可亲。我们尊重天是对的，然而我们不能大家亲这个天，这总是一遗憾。中国人想法，总喜欢从人类，从自己内部近处讲出去。西方的想法，喜欢客观，要从外边远处讲过来。这又是双方一不同。这亦可说是一哲学问题。

且讲中国，像西周那时，总至少有一千以上的诸侯。直到春秋时代，还至少有两百以上的诸侯。这样大的土地，有鲁国、卫国、齐国、晋国、郑国、楚国、秦国等，倘使我们大家要亲天，一切事都要请天来作决定，那么天不是就太麻烦了吗。于是天只有派一君来管我们，像西周开国，有周文王、周武王、成王、康王等，由他们来管我们全国，称之曰"天子"，天之子就代表了天。我们要祭天，亦由天子来作代表。我们中国古礼，民众是不能直接私自祭天的。那么天所接触的人间，由天子一人来作代表，天不就轻松了吗。

此下中国从秦始皇起，直到清朝，仍只由皇帝来祭天。不是皇帝定个法律，说我有资格祭天，你们不许祭天，不是这样的。这是一套中国的人生哲学。北京有个天坛，这是皇帝祭天的所在地。

不仅民众不能祭天，古代有诸侯，如鲁国、齐国等，他们亦不能祭天，只能祭他们自己国内的名山大川。鲁国有鲁国国内的名山大川，齐国有齐国国内的名山大川，各自分别而祭。这在中国人讲来是礼。天只能由天子来祭，诸侯只祭自己国内的名山大川。我代表这个国家，我祭这个国家的神，名山大川都有神，都是由天派来管理各地的。

国之下又有城。齐国到战国时，就有七十多个城。每一城就各该有一神来管，称为城隍。每一城的外边各地，又有土地神。哪能全世界只由一个天，一个上帝来管呢？这又是中国人想法。依照我们现代说，这是多神教，是低级的迷信，远不能比上帝一神教合乎真理。这又很难分辨了。我小孩时，各地还有城隍庙土地庙，现在极少看见了，并且亦不再受重视。最近几年前，我到韩国去，在中部某地乘了汽车到处跑，沿路都见有土地庙，这还算是沿袭着中国之旧。

中国人以前的土地庙是极小极简陋的，不重在物质上来作表示。我们去祭土地神，只表现着我们一个心。正如上面说的香港各家门边一块写着天地君亲师的神位，亦只是表现出我们对它敬礼的一个心而已。儿子孝父母，亦不讲物质条件，只重在你的一个心。你心能孝就够了。若定要讲物质条件，互相比较下来，多数便不能称为孝。中国人是要人人讲道，人人能孝才是。我在年轻时，看报读杂志，就见处处在批评中国的不是。但私下翻读古书，知道中国古人并不是像我们今天这样的讲法，还是有他们的一番道理。

我上一次讲过，我小学的体操先生告诉我，英国、法国治了不再乱。后来我看英、法亦并不这样。照今天西方科学来讲，他们亦不能证明天上有个上帝，他们亦不能证明说泰山没有一个神，黄河没有一个神，为什么只可有一个上帝，不能有泰山神、黄河神。这种我们都不讲。我是讲中国人的思想，比较西方，可说是偏重主观的，拿自己作主来想的。西方人的思想是偏重客观的，从外边来讲的。怎么是主观的呢？譬如说政治，有一个中央政府，有两百个诸侯地方政府，诸侯下边如鲁国有鄑、有郈、有郕三都，齐国后来有七十几个城，每一城各派一官去管。我们人这样，想来天亦这样。这就成为泛神多神了。中国人主观的用自己作基本来想，这难道必然是不对吗？

我上一次又讲，西方人是重分的，所以他们就政教分离，上帝的事情耶稣管，凯撒的事情凯撒管。中国则主政教和合，孔子这样教，皇帝亦得这样管。道只是一个道。凯撒哪里能脱离了上帝来管这世界呢？

然而为什么这样想呢？至少有它一个道理。上帝是我们接触不到的，上帝管的太多了。一座泰山，一条黄河，一个城的城隍，一个乡村的土地，是我们可近可亲的。我们人生要有个可尊的，亦要有个可亲的。只能尊，而不能亲，总是我们人生一个缺憾。天可尊，而地则比较上更可亲。"天"与"地"配合起来，就可尊又可亲，这就如我们的父母一般。这是中国人想法。

五

而天地只是个自然。我们要在人群中找一个可尊可亲的，就轮到"君"。君哪里来的？中国人说"天生民而立之君"，人群中必该有一君。这是我们中国人群体的人生观。西方人可以不要一个君，就如希腊。希腊半岛只有多少大，而有几十个城邦，他们没有一个统一的中央，不成一个国，不要一个君。到了罗马，有君如凯撒，凯撒只是罗马城的君。意大利半岛是被征服的，意大利半岛以外地中海沿岸更是被征服的，这便是一帝国，由向外征服而来。真的讲，凯撒只是罗马城的君。罗马人对他可尊可亲，意大利人并不这样。意大利以外被征服的人民，又更不这样了。以后变了，意大利人都成了罗马人，但意大利以外的，还不是罗马人。是一层一层分的。其实这个道理还是中国道理。中国亦有诸夏在四夷之分，但中国人并不想用武力来征服四夷，这就不成为一帝国了。罗马帝国崩溃，欧洲的现代国家兴起。他们的君，最先讲神权，后来讲君权，最后又讲到民权。他们的政治统治就看重这一"权"字,这就还是一种帝国精神。我们中国的政治只重"道",不重"权"。所以中国人只说有"君道",不说有"君权",道统犹在政统之上。

我小孩时,就听人讲中国是帝王专制。又有人说,中国人只会造反,不会革命。西方的君权民权是分的,民权起来推翻君权,在他们是革命。中国则君道、臣道、民道是和合为一的。远从神农皇帝以来,唐、虞、夏、商、周,下及秦始皇,到今五千年,中国人都称炎黄子孙,结成一大国。全世界古代文明有四区域,巴比仑、埃及、印度和中国。埃及、巴比仑多少大,他们早亡了。印度屡受外国人统治,自己没有历史。只有中国,广土众民,长期统一,经过了四五千年到现在。虽有朝代更迭,中国仍是一中国。所以我常说,中国人的政治见识是全世界没有的。现在我们这个都不讲。

中国人的政治领袖是一皇帝,这是不错的。但皇帝又怎么样来专制呢?至少要有两个条件。一要有钱,一要有兵。不要说君主专制,现在的民主选举,试看美国没有钱怎么去竞选。要竞选大总统,你要化多少钱,共和党、民主党各自拼凑出来,哪里能没有钱呢?讲到兵,皇帝要专制,先得有皇帝私人的军队。如法国革命前,皇帝的兵还不用法国人,用外国招来的佣兵。他出了钱,用了外国人来当兵,你就无法反对他。今天美国也只仗有钱有兵。西洋人的个人主义功利观点,做生意发财,我们不如他。但是中国政府的财政,不由皇帝管。像汉朝大司农,管理政府财政。少府是管理宫廷财政的。皇帝只能用少府的钱，不能用大司农的钱。这就是君权亦有限制的。讲到中国人的赋税，孟子说，王者之政十而税一。但是汉朝折半，变成十五税一，比孟子讲的王政还要少。实际上，汉朝的税还要折半，成为三十而税一。到了唐朝，更成为四十而税一。这我在《国史大纲》以及《中国历代政治得失》两书内，都已交代明白了的。

历史上在田税外，还有人头税。到了清朝，只收田税，不收人口税。现代我们又要骂了，说中国人荒唐，连国家有多少人都不知道。当时的人口数字是由邮政局调查得来的。政府因不收人丁税，又没有警察，如何来知道全国有多少人。这个皇帝真是个糊涂皇帝，真应该值得我们骂。但不该骂他专制呀！

说到兵，历代的兵额，二十五史、十通都明白记载着。中央政府有卫兵，历史上汉朝多少，唐朝多少，都有注明。全国军队都不是皇帝私人养的，亦不由皇帝管。皇帝凭什么来专制呢？

说到政府用人。中国自秦以下，不是一贵族政府。姓刘的做皇帝，朝廷群臣不是姓刘的。姓李的、姓赵的、姓朱的做皇帝，朝廷群臣不是姓李的、姓赵的、姓朱的。汉、唐、宋、明朝廷上的大臣，能有几个是皇帝的本家。西洋民主政治有宪法，但中国历代政府都有制度。朝代可变，汉变唐，唐变宋，宋变明，明变清，不是在变吗？然而制度则大体不变。中国的通史，三通、九通、十通主要是一部中国政治制度史。赋税制度，兵役制度，选举考试制度，都是从古到今，一线相承，大体不变的。皇帝亦在此一制度下。要说专制，只能说是由制度来专制皇帝，但并不由皇帝来专制制度的。

平心而论，中国历史上亦有许多好皇帝。我们不要讲尧、舜、禹、汤、文、武，讲秦始皇以下的。倘使我们中国有人肯帮中国人讲句公平话，拿中国历代的皇帝来讲，我想一个朝代至少应该有一个两个好皇帝。就算异族统治，像清朝的康熙皇帝，你拿他详细的来讲，不算得是世界上难得碰到的一个好皇帝吗？倘使他留在满洲，仍在关外，不做中国传统政治制度下的一个皇帝，怕亦不会这样好呢！

皇帝不讲了，讲今天我们国人好骂四五千年或两千年来，我们在皇帝专制下的中华民族的奴性吧。其实皇帝亦并不专制，我们中国人亦并非天生的奴性、做惯奴才的人。为什么我们中国人连说"天、地、君"？君应该是一个可尊可亲的。现在我们要学西方，皇帝是最讨厌的，不仅讨厌到皇帝，即如民主政治里的大总统，亦说是一公仆。这又是西方人想法。我们为一家之仆、一人之仆还不易，如何来做一国之仆呢？现在卡特难道真是美国人的仆人吗？这只是他们嘴里这样讲。我们对全一个国家，没有一个可尊可亲的政治领袖，这总不是这一群人的幸福。这是中国古人的想法，不是今天中国人的想法。

中国俗话又说，"天高皇帝远"。皇帝虽亦同是一人，但其政治地位高了远了，就觉得并非可亲。就拿今天我们台湾来说，这样小的地方，我们的"总统"可以说可亲的了。他常常跑到各县市各乡村去，还到老百姓家里去，同老太婆小孩子握握手抱抱，这该算可亲了吧？但还不能是我们人人可亲的，就像今天我们在座的，恐怕有许多位没有同"总统"握过手，或许没有见过"总统"的面。有尊而无亲，岂不是人生还有一缺憾。所以我们天地君之下，还要有"亲"。各人家里有父母，这就各人有他可尊又可亲的对象了。

六

我上次讲，中国人做人为什么叫修身呢？中国人的想法，不像西方人唯心哲学，唯物哲学，物质的，精神的，都分别讲。有人说，中国思想偏近唯心论。但中国人认为每人总必有一身，所以中国人讲做人就要讲修身。人生便在此身上做起。没有这个身，怎么有这个人呢？这不又像是偏近了唯物论了吗？这可见中国人想法，不能全用外国话来做说明的。

现在问这身从何来？不是由父母来吗？中国人并不要每个人各自讲出一番大道理来。西方人的逻辑辩证法，他们一人如此讲，叫你不能不信。但他们说，"我爱我师，我尤爱真理"。这就连你学生还得要不信你。中国人则我所讲的由你听，你觉得对不对，由你自己作主。孔子《论语》第一句就说："学而时习之，不亦说乎！"不是孔子讲你们应该学而时习，你们且去试试，你觉得开心不开心。中国人讲道理如此讲法，我们今天还要骂我们中国人不懂逻辑，不懂辩证法，所说的全是一番独断的话。孔子只是说他自己的感觉，由你来作批判，还不好吗？所以孔子又说："有朋自远方来，不亦乐乎！"我讲话总希望有人听，所以有朋自远方来，就不亦乐乎了。我们这样一个"故宫博物院"，两百人同在一起，不亦可乐吗？你尽可摇头说不乐，你要抱一个人主义，则我也无奈之何。但我们大家的身体总是父母生的，父母不该是可尊可亲吗？所以我们中国人说修身，最重要的是要孝敬父母。

现在我们中国人都用西方话来讲中国。譬如说秦朝以前是封建社会，西洋的封建社会是在他们的中古时期，中国秦以前的社会，又哪能和西方的中古时期相比。我们当时是一封建政治，有霸诸侯的齐桓公、晋文公、楚庄王等，这是我们都知道的。在各诸侯之上，还有一个仅拥虚名的东周天子。那时代的贵族岂是欧洲中古时期的堡垒贵族所能相比。西周封建开始有周武王、周成王，有周公制礼作乐。西方的封建时代有没有？中国当时是一封建政治。西方封建社会是罗马帝国崩溃以后产生的。中国有中央政府，怎么能叫封建社会呢？那么中国那时该叫什么社会呢？西方人没有这样一个社会，西方人不来讲中国史，他们讲的是西洋史，当然没有这样一个社会的名称。倘使我们要为此一时期的中国社会造一名称，我想应称为"宗法社会"。而中国的宗法社会，可以说直传到今天。西方的封建社会，则到今天已不存在了。宋代的《百家姓》赵钱孙李周吴郑王，这就是中国人看重宗法的遗传。既重宗法，必然会看重家庭，所以我们特别看重"亲"，即父母与天、地、君并称。

今天我们中国最大的改变是就快没有家了。今天中国的家庭都要西洋化。我常向人讲，日本吉川幸次郎曾对我说，"中国人骂人说，你算个人吗？这是中国文化的特点"。他读中国书，可算得明白了中国文化。我最后一次同他见面，他又同我讲两句话，他说"我一生做错一件事，不应叫我儿子女儿到美国去留学。我今只老夫妇在家过活，而儿子女儿媳妇女婿都在美国。时时记念他们，好不寂寞"。他可算还有一个中国人的情味。我在此地碰到很多朋友，儿女都在外国，但他们说我们尽可过活，不必要子女在身傍。这就近似外国头脑了。我想中国情味与外国头脑，至少亦是各有得失。中国人讲父慈子孝，亦有一番人情味。哪能说这就是封建头脑呢？

中国社会特别看重家庭，一定要讲个孝道。父母是我们最可尊最可亲的。万一我的父母不可尊不可亲呢？像古时的大圣舜，父顽母嚚，但舜还是尊他们亲他们，终于完成了他的大孝。他的后母亦为他感化。所以中国人说，天下无不是的父母。修身只是修你自己，你不能去修你父母的。现在我们就是不修自己，要修父母。说你是封建头脑，封建观念，这家亦就成一分争的局面，不成一和合的局面。学生上学校，不能管学校的先生。你任一职业，不能管你的上司。最好管的是你家里的父母。丈夫最好管的是太太，太太最好管的是丈夫。中国人一向最看重的家庭，现在是快要破坏了。全世界的人生中，今天的中国人恐怕是会最感到苦痛了。

七

再说中国人讲天地君亲道理的是谁，就是师。而中国人的"师"，是和天、地、君、亲相配合，亦成为中国人可尊可亲一对象。中国人说"作之君作之师"，这是天道。天为你造一君，造一师。在人群中总要有一政治领袖。西方人后来亦知道了，但你是一个君，我要限你的任期，四年八年你就该退，临时投不信任票，你亦该退。尊与亲的情味是太少了。中国古代有尧、舜、禹、汤、文、武，那是何等可尊可亲啊。到秦始皇以下，不能再像古史上的圣君，但中国人尊君亲君的观念，则依然保留着。至于师呢？孔子为中国至圣先师。朝代是要换的，而孔子至圣先师的地位则终不换。在中国社会里，作师的，哪一人能像孔子。但中国人尊师亲师的观念，亦终不变，论其程度，有的还在尊君亲君之上。这是举世所没有的。

诸位来台湾，哪里见有顺治、康熙清朝历代皇帝的庙，但孔子庙还是到处有。郑成功是反清来台的，台湾成了中国的一省，受清朝皇帝的统治，但台湾有郑成功庙。除了孔子庙、郑成功庙以外，还有吴凤庙。吴凤封为阿里山王，这岂是清朝皇帝封的？这就是中国人在治国之上，还有平天下的道理的明白证据。郑成功为什么要反清？吴凤为什么要杀身成仁？这都从师道孔子之道来。可见中国师道的尊严了。皇帝哪有权力管得到此。而郑成功和吴凤地位，在台湾人心里，则更高在皇帝之上。现在我们读中国书，都用外国的观念来读，这叫新观念。就对这些事实便会讲不通。

我再举一点。中国名山大川名胜很多，名胜里必连带保存有古迹。如泰山，历代皇帝多来此巡狩，但现在只留李斯一个碑。其他有宋朝胡瑗同孙复在泰山读书的古迹。不只是泰山，又如杭州的西湖。南宋就建都杭州，西湖即当时中央政府所在地，但西湖没有宋高宗、宋孝宗等宋朝皇室遗迹。有一个岳王墓，岳飞是宋朝的罪人，宋朝皇帝杀了他。秦桧夫妇的石像就跪在岳王墓前，秦桧是当时宋朝的宰相。宋高宗不跪在岳王墓前，就是中国人尊君的表现。有秦桧夫妇跪在墓前，亦就够了。这难道又是帝王专制吗？下面来元朝、明朝、清朝，有文天祥，有方孝孺，有史可法等人，他们都有碑有墓，供人流连崇拜，元、明、清历朝皇帝亦都不能管。可见道流行在社会，远高出于政治权力之上，这又是一明证。

讲到岳飞，我们又连带讲到关公。我到台湾来，台湾除上面说的孔子庙、郑成功庙、吴凤庙以外，就要轮到日月潭的关帝庙。但日月潭亦并没有一个皇帝的庙。抗战时，我去云南，经过河内，每一个中国人开设的咖啡铺里悬两个像，一是孙中山，一是关公。我最初到香港，香港的警察局里便供有关公神位。这是中国社会的一套，法国人、英国人亦不能管。我到巴黎去，大家瞻仰的就是拿破仑的凯旋门。拿破仑是在法国革命时期爬起来想做皇帝的，他两次兵败向外国投降，法国人到今还崇拜他。凯旋门之外，还有一个拿破仑的墓。拿破仑死了，本葬在一个岛上，法国人想念他，又在巴黎建一衣冠墓。巴黎郊外又有凡尔赛王宫，第一次世界大战后的和平大会，就在此召开。到伦敦有西敏寺，有白金汉宫，有国会大厦，代表神权、皇权、民权的诸建筑都排在一起。美国华盛顿市容建设是学巴黎的，法院国会前一条大马路，尽头高矗着一个华盛顿铜像。外国人看重政治领袖，就算在现代民主政治之下，亦并不在中国人之下。中国历史上一个朝代一个朝代换，皇帝的尊严亦是随时变。有些处似乎还远不如西方。现在他们说，他们在民主政治以前是帝王专制，我们亦就说从秦始皇以后我们全是帝王专制。这又如何来辩呢？

至于中国社会上的名胜古迹，有历代修建长历两三千年以上的，在西方看不到。例如华山有陈抟，陈抟并不是一政治人物，亦已经历了一千年以上了。如此之类，不胜举。可见中国社会实与西方社会有不同。帝王在社会上的地位，绝没有西方这么高。因此西方人要反帝王，要争民主。中国人没有这一套，只尊道统，不争民主，这不该原谅吗？

中国社会有中国社会的一套，我们不该尽骂中国人奴性，两千年来只是一帝皇专制。又如扬州的西湖，因史可法遗迹而亦成为一名胜。史可法反满洲政府，但满洲皇帝并没有来禁止扬州社会建造史可法的遗迹。这还不够明白吗？"天地君亲"之下，有个"师"，由师来发明，来领导人遵守天道、地道、君道、亲道，教育的地位还远在政治地位之上。但到今天又变了，可以说我们今天只有在新式学校，像西方人般以教员为职业的，却再不见社会上有像前清以上一般的所谓"师"，倘我们再要有师，便该由西方人来当。但西方只有宗教里的牧师，没有像中国之所谓师。这不是中西社会又一大不同吗？

我年轻时，十八岁就做小学先生，那时的社会还知尊师。碰到婚丧喜庆大事情大典礼，学校先生送副对联，定挂在高地位。有宴席，学校先生定居上座，地方绅士以及富商们，都谦逊不敢坐学校先生之上。所以在我年轻时，还觉得做一先生是光荣的，是快乐的。战战兢兢，觉得先生不易做。今天则学校先生变成一低薪俸的职业了。我们不是说公教人员，或说军公教，总之教是居了末位，不能和以前的天地君亲师相比，这又是显而易见的。韩昌黎说："师者，所以传道授业解惑也。"今天我们在学校做教师的，再不传道。授业亦不是授传道之业，解惑亦不解对于道的惑。我们亦可说韩昌黎的话又是全错了。为人师的，又有什么可尊可亲呢？我们中国人讲尊与亲，是重在道义方面的，今天则重在功利方面去了。

我这一次所讲是中国人以前的人生观念。至于对不对，将来能不能再行，这要待此后的变了。倘使此后的中国人，仍然认为这些道理不可行,这当然就算了。我今天只劝诸位,古今时代不同,变了。生为今人,不必多骂古人。我的意思只如此,务请诸位原谅。

一四　中国人生哲学（第三讲）

一

诸位先生，今天我讲第三讲。我讲中国的人生，并不是我有一套意见，我只希望讲出一套近于中国从前以往的人生实相来。上一次我讲天地君亲师五个字，今天我想拿一本古书《大学》来讲，讲这书里的身、家、国、天下四个字。

当然人生有各项专门的知识，专门的职业。可是人与人之间，总该有一套共同的方面，可以相互认得说得的才是。

民初五四运动时，他们提出两点，所谓"德先生""赛先生"，科学与民主。直到今天，我们还都讲这两项。但我要问，科学方面有没有一本书，可让我们大家共同读的？科学愈分愈细，越跑越远，你讲你的，他讲他的，讲到后来，两位科学家可以对着面无法相谈。这总不是一件要得的事。讲到民主，这是属于政治方面的。今天的政治，尽可与昨天的不同。明天的政治，又尽可与今天的不同。这十年来的政治，岂不就与前十年大不同了吗？有没有一本书，来讲政治，使我们人人可以共读，又是必该共读的呢？所以科学与政治，像是极具体，极现实，而很难使我们大家互相认得清，说得通，这就成为今天我们当前人生一大难题了。总而言之，人生总该有一"共通"方面才得安。

西方有一本耶稣教的《新约》，不仅法国、英国、美国，全欧洲各国，从小到老，几乎没有一个人不读这一部书的。这可算是他们一本人人共同必读书。我们不能说西方文化只有好处，没有坏处。特别自第一次第二次世界大战以来，到今天，西方很多思想家感到他们自身亦有缺点，须来提倡一种他们的新文化，来救他们的旧文化。但很多人最后总会想到他们的宗教，因为宗教才是他们大家的，可以共同相通的。今天耶稣在西方的力量一天天地减了，所以他们想，只有复兴耶稣教，才对他们的起死回生，补偏救弊，可以发生大作用。至于我们中国呢？从来并不信耶稣。耶稣在中国人心理，断无可使中国人心心相通的力量。若要我们中国人人人信耶稣，这恐不是几十年一百年内可能的事。

我今天要讲的，从前的中国人，有没有像西方耶教《新约》般，有一本大家共同必读的书。我就可以从这上面来讲讲中国人以往的人生。中国的《论语》，在汉朝时，已普遍成为识字人一本人人必读的书。初入小学便读《论语》。那时的小学有三本人人共同必读书，《论语》外，一《孝经》，一《尔雅》。直到南宋，朱子为幼童时，读到《孝经》，他说，"不读此书，不得为人"。但到后来，朱子年龄大了，他不再讲这话了。不是不再讲孝，他认为《孝经》一书不是孔子所讲，是后来人所著的。《孝经》开头说，"仲尼闲居，曾子侍"。怎么先生称其号仲尼，而学生却尊称为曾先生呢？孝的道理，《论语》也讲，《孟子》也讲，都比《孝经》讲的好。提倡孝道，又何必定要读《孝经》呢？所以朱子到后来再不提倡这书了。《尔雅》则只是当时的一本字典，备人翻检的。

汉朝人到了大学阶段，就读五经。当时说，五经是周公所创始，孔子所编定的。亦可说中国的孔子，就等于西方的耶稣。中国有孔子，则至今已过两千五百年，西方有耶稣，至今未到两千年。不论他们所讲的内容，中国古人总是大家崇拜孔子的。直到南宋，距离孔子时代已远。五经比较难读，于是朱子又提出四书来，教人读了四书，再读五经。朱子所定的四书，照时代讲，《论语》孔子的，《大学》曾子的，《中庸》子思的，最后为《孟子》。而朱子教人，则先读《大学》，次及《论语》《孟子》，最后始读《中庸》。可是《大学》实仅一短篇，《中庸》亦只分三十三章，两书篇幅短，坊间印四书把来合装为一本。所以人人进私塾，先读《大学》《中庸》，再及《论语》《孟子》。这本非朱子之所定。而《大学》成为中国识字人一本人人最先共同必读的书，则亦已是六七百年以上的事。我进私塾，没有读完四书，只读到《孟子·滕文公章句上》，此下是后来补读的。我们有一句俗话说，"三年读本老《大学》"。这是说，最蠢的人，上学读了三年书，还在那里读《大学》。

今天我就根据《大学》来讲一番中国人从前的人生。照理说，一个民族实在总该有一本两本人人共同必读的书。现在的问题是，今天以后，我们中国人还能不能仍有一本两本大家人人共同必读的书呢？这是我们当前的知识分子，所该深切考虑的一件事。我们中华民族九亿人口，如果没有一本两本大家共同必读的书，这对民族国家的前途相当严重。西方人有一本《新约》，回教民族亦有一本《可兰经》，印度人我不知道，这些今天我不讲，我是要从《大学》来讲中国的旧人生。

二

《大学》有三纲领八条目，我今天只从八条目下面四项修身、齐家、治国、平天下，来讲中国的旧人生。《大学》说："古之欲明明德于天下者，必先治其国。欲治其国者，必先齐其家。欲齐其家者，必先修其身。"照着秩序连贯而下。《大学》又说："自天子以至于庶人，壹是皆以修身为本。"这即是《论语》所说的"吾道一以贯之"。

中国人从古到今，都讲"修身"二字，这可说是中国人讲道，即人生哲学，一个共同观念。我小孩时，学校有修身课，我在上一次已讲过了。但此后学校里便没有了，改为公民课。修身是教人如何讲究做一人，公民是教人如何做一国家政府下的公民，这两个意义是不同的。我们且不要来论其谁是谁非，但先该知道这两者有不同。做一公民，你是一中国公民，但也可改做一美国公民，这是人的自由。但做人，中国人、美国人同是人，照中国人的道理讲，便不该有两种做法。这就无自由可言了。

今天人的观念，中国例外，做了这一国的公民，便不该同时兼做另一国的公民，这不是在国之上更没有一个共同的天下存在了吗？所以外国人只讲治国，不讲平天下。在治国之上，再有平天下一项，这只是中国人如此讲。而治国之下，又有齐家一项，亦是只有中国人讲，为其他国家所不讲。今天我们讲西方文化，只举"民主"与"科学"两项。你既是这一国家的公民，你就可预闻这一国家的政事，这就是今天所谓的民主。但做一人，不能只讲政治，再不讲其他做人的道理。至于科学，当然更不讲到做人道理了。这可见做人道理，实在只有中国人讲，这就是修身。而齐家治国平天下，则从修身层累而上。换言之，齐家、治国、平天下，还是在做人的道理中，没有离开了做人的道理而可以来齐家、治国、平天下的。再换言之，做人道理中，便该有可以用来齐家、治国、平天下的道理。没有离开了齐家、治国、平天下，再另有一番做人道理的。

三

我讲到这里，我特别要讲一点中国人讲的家。家的组织，有两个最重要的成分。首先第一是夫妇，没有夫妇怎么有家呢？所以中国人说，"夫妇为五伦之始"。第二才及到父母子女。夫妇一伦，当然必和合男性女性而成，一为夫一为妇。父母子女，亦兼男女。所以中国人讲做人，男人女人两面同讲。我常说，中国人讲道理有正面亦有反面，有这边亦有那边。男性女性或可说是分左右两边，或正反两面的。但左右正反共成一体。只是在一体中分，不是说可分为两体。今天大家都讲左倾右倾，中国人则要讲中道，不左倾，不右倾，"执两用中"。又说："用其中于民。"这就把左右两边和合成一体了。又说："一阴一阳之谓道。"阴是反面，阳是正面，阴与阳同是一个天。不能只有昼，没有夜；只有晴，没有雨。讲到人，男性是阳，女性是阴，亦可说人道须合男女两性而成。全世界人类没有一处，是只有男人，没有女人；或只有女人没有男人的。所以做人不是一个人做的，至少要两个人搭配来做的。一个男的一个女的结为夫妇，做人道理才由此开始。

我在小孩时，便听人讲，中国人重男轻女。这句话直到现在还有人讲。我真不知道这句话是从何讲起。试问我们从来的中国人，是不是只看重父亲，不看重母亲的？又是不是只看重兄弟，不看重姊妹的？照中国人讲法，男人女人同是人，夫妇、父母、兄弟、姐妹同是一家人，大家相亲相爱，这才叫做"齐家"。如何来做夫做妇，做父做母，做子做女，做兄做弟，做姊做妹，这则是"修身"。我想全世界人，没有像中国人这般看重女性的。举一个证据，你拿一部二十五史来看，中间讲到女性的有多少。我想至少有百分之十到二十。而那些女性，绝大部分都不牵涉到政治事业。这是全世界其他各国历史记载中所绝对没有的。

我再举一例，春秋时代晋公子重耳，因国乱逃到狄国，娶了一妻，名季隗。他后来又要离狄逃亡他国，他对季隗说，请你等我二十五年，我不回，你再嫁，好吗？季隗说，我今已二十五岁，再等二十五年，我快进棺材了。你放心，我会等你一辈子。重耳又逃亡到齐国，齐桓公亦妻以一女，为齐姜。重耳很安乐地在齐国住下了。他的从亡者，一天，在一大桑树下商议，如何让公子离开齐国，再往他处去。他们说的话，给在树上采桑的丫鬟听见了，那丫鬟就是齐姜身边服侍齐姜的。回去告诉齐姜。齐姜便把那丫鬟杀了，劝重耳赶快离去。重耳终是不舍得离去，齐姜再与他的从亡者商量，把重耳灌醉，载上车，离开了齐国。

在重耳出亡的故事里，便连带写上了两个女性。季隗在重耳离去，肯终身不嫁，使重耳安心。齐姜又灌醉了重耳，逼他离去。第一个肯守寡，第二个肯与夫生离，他们两人都牺牲了自己的终身幸福，为重耳前途谋。后来重耳由秦返晋，做了国君，就是晋文公。城濮一战，打败了楚国，继齐桓公而霸。齐桓晋文是关系春秋时代历史上的两位重大人物。没有他们，天下变了，下面怕亦不会有孔子。此下的全部中国史，怕会完全不同了。上述的两位女性，肯不顾夫妇私情，让晋文公有他的前途，这不是两位贤妻吗？这亦就是她们两人的修身了。又不是和治国、平天下有着连带关系吗？亦可说，她们两人对此下的中国，二千六七百年来，有她们重大贡献的。我们的史书像《左传》，像《史记》，都把她两人这两件事详细记下，这亦算是看轻女性吗？诸位试去读一部《左传》，像季隗、齐姜这样的故事还多。这可见中国人中女性的伟大，女性的贡献。这亦就是中国人平等看待男女两性的成果。这是世界其他各国不能望其项背的。

或有人会说，季隗、齐姜为重耳如此般的牺牲，重耳返晋为君，史书上对她们两人的下文并无详细记载，这还不是中国史书的重男轻女吗？但史书是记载有关国家民族的大事，并不能详细写每一对夫妇的悲欢离合。晋文公之为人，自有他的缺点。所以孔子《论语》上说："晋文公谲而不正。"这些事可待读史的自作评论，哪得再由史书来详细记载呢？

我再讲一故事，明陶宗仪《辍耕录》有《妻贤致贵》一则，载南宋兴元路张万户家，有俘虏多人，赏一女俘给男俘程鹏举为妻。结婚三日，女告其夫，看你才貌非凡，赶快逃离此地，否则常为人奴，岂不可惜。程鹏举疑心她为张万户作试探，把她说的话告诉张万户，她受了一顿毒打。过了三天，她又劝丈夫逃走。不料她丈夫又去告诉张万户，张万户便把她出卖了。夫妇临别，她把脚上一只绣鞋，换了丈夫一靴，哭指着说，我们靠此再相见吧。程鹏举感悟了，终于逃归南宋，做了官。后来又转入元朝，做到了陕西省参知政事。他从张万户家逃出时，年仅十七八岁。现在相隔三十多年，但尚念其妻，并未再娶。派人去兴元路买他妻的那家去打听。他妻自卖到那家后，夜间从不脱衣而卧，把半年来纺织所得，赎回自身，转入一尼姑庵为尼。程鹏举所派人又寻到尼姑庵，拿出随身携带的一鞋一靴来，才知那尼真是他的主母。请她同到程鹏举任上去，她拒绝了。后来程鹏举又特派人来迎她去陕西，重为夫妇。

这一则故事中的女性，连姓名也不知，只知她亦是一官宦人家出身。她的故事乃与两千年前晋公子重耳之妻齐姜同一心情。固然程鹏举的事业成就不能与晋重耳相比，但他能三十年不再娶，这就又胜过了晋重耳。中国人的人情味真是可贵呀！后来柯劭忞写《新元史》又把此女故事载入，又有人把它编为平剧，取名《韩玉娘》，由梅兰芳演出。国人爱看京戏的，几于无人不知。

中国的文学就是人生，也可说中国的人生就是文学，所以才可把真实的人生放进文学里去。西方的人生不能成为文学，所以他们才编造好多故事装进文学中来。他们多讲男女恋爱，但哪有像中国般的夫妇爱情呢？而且又多牵涉到国与天下的大局面上去的呢？诸位要了解中国人生，亦该去看看中国的平剧呀！像《韩玉娘》，虽然平剧中把故事略有改动，但大体还是真实的。

说到平剧，我再举一出《三娘教子》来讲。三娘的丈夫姓薛，娶了一妻二妾。他因公出门，有人谎报他死了。大娘二娘改嫁了，二娘留下一子。三娘因念薛家只此一脉，不忍离去，立志把此子扶养长大。一老家人亦留陪不去。三娘以纺纱织布维生，送子上学，管教很严。有一天，同学讥笑那小孩不知三娘不是他的亲生之母。小孩听了，回家后对三娘很不礼貌。三娘教他背书，他不背。于是三娘命他跪在地下。戏里的三娘，一路唱着地教训她儿子。本来训子只要几句话可尽，中国戏的妙处正在这里。三娘的唱，回肠荡气，可歌可泣。人生有好多情味，语言表达不出，便把歌唱来代替。这尤是中国戏的特殊处。幸有那老家人前来解围，使母子重归于好。这一出戏，除三娘外，老家人亦要唱，小孩子亦要唱。一段简单的故事，唱得台下听众留在脑际，可以久久不忘。结果这小孩长大了，考试中了状元。他父亲亦立了大功，升了大官，回来了。富贵团圆一场喜剧。而剧中最动人的，还是那三娘教子的一番唱，戏剧中便涵有了一段甚深的悲剧。这真是对人生一好教训。近代国人又说，我们中国人只懂大团圆，喜剧。不能有像西方般的悲剧。这真可说不懂中国人的人生理想。中国俗话说，苦尽甘来。难道定要成为悲剧，才是有意义有价值的人生吗？

这戏与《韩玉娘》不同，韩玉娘是做妻子，三娘是做母亲。

这故事到底有没有，且不论。但与孟母教子不一样吗？与岳飞的母亲教岳飞，不又是一样吗？不过我们唱戏，《岳母刺字》与《三娘教子》都唱，而孟母《断机训子》比较不大唱。因为孟子是个亚圣，所以我们少把来在戏里唱。连《岳母刺字》，亦比《三娘教子》少唱。因岳飞亦是一武圣人。可见社会平常人有动人故事，更受大家欢迎。中国人生深处，亦在这里透露出来了。所以我说，中国人生是文学，是道义，又更是艺术。这种艺术表现在哪里呢？尤其是表现在我们的家庭。而中国人的家庭，尤其重要的是"贤妻良母"。没有女性，又怎么成家庭呢？

我还要讲到梅兰芳。在对日抗战前，他到美国去唱戏，这是当时一件大事。为要美国听众了解，台上用幻灯打出英文翻译，每一听众各给一份剧情说明，并附唱词和说白。梅兰芳扮演《打渔杀家》中的女儿，说："爸爸怎么说，女儿当然照爸爸话去做。"台下两个美国老妇人听到这里，指着台上说，我们倘有这样一个女儿，该多开心。可见中国人的家庭生活，外国人又怎么样的羡慕啊！中国戏剧说不尽。再讲一出《武家坡》，王宝钏苦守寒窑十八年，有人在英国伦敦把此故事改编为英语剧演出，英国人喜欢满意，那人亦就出了名，成了一文学家。其实西方的话剧，哪能和中国以歌唱为主，有说不尽的人情味的平剧相比呢？

以上从中国戏剧来讲中国女性，分从多方面讲，已讲得太多了。但还是讲不尽。即如做丫头女婢的，如《西厢记》

中的红娘，如《白蛇传》中的小青，至性至情，亦足使人向往，敬慕不已。但我只能到此而止了。

今天一般的中国人不读旧文学，连平剧亦不懂欣赏，又何从来谈中国人生呢？有一位从美国回来的访问教授，也去听平剧，和我在戏院里碰见。他说："平剧只得算是地方戏，哪能叫国剧。莎士比亚的剧本中的故事，西方原来有，由莎士比亚改编，就成了大文学。我们中国就没有人把这些戏剧来重编一番，就不能同莎士比亚相比，亦不能称它为国剧了。"这位教授所说，依然只在说中国比不上西方。他不懂中国社会同西方社会不同。中国的戏剧，本不在中国文学里占高的地位。但已有此造诣，而他不懂欣赏。专根据外国情形来批评中国，只可说他对中国是无知了。

近代我们亦有根据旧文学来编成戏剧的，即如《孔雀东南飞》一剧。我已讲过中国戏剧中的女性，做太太的，做母亲的，做女儿的。《孔雀东南飞》则是讲一离婚故事的。但中国人的离婚又和西方人离婚情况大不同。诸位读《孔雀东南飞》的诗，或去看《孔雀东南飞》的剧，便可知道。

我再讲一首古诗。"上山采蘼芜，下山逢故夫，长跪问故夫，新人复何如。"这亦是讲的离婚故事。那妇人被离婚，过着如此清苦的生活。但她遇见了旧时的丈夫，她还如此般的多情多礼，悱恻缠绵。若由外国人来写，他们如何结婚，如何离婚的经过，必会详细写出，交代明白。他们是重在"事变"上，我们中国人则重在"情义"上。只此短短二十个字，就何等耐人去玩味呀！这就是中国人的人情味，亦就是中国的人生哲学了。把如此的人情来讲求人生，自然女性的会更胜过男性的。这又如何说得中国人是重男轻女呢？

我再要讲一个做嫂子的。唐代的大文学家韩愈，父母早亡，由他兄嫂扶养。但，哥哥亦早死了，韩愈仍然依他寡嫂，长大成人。除韩愈外，他寡嫂还有一子，一家三人。韩愈学成，赴京投考，忽然他的亲侄又夭亡了，韩愈有一篇很出名的《祭十二郎文》。粗心的读者，只想到十二郎，却没有细想到他的生母，韩愈的寡嫂。韩愈成为中国唐代以来第一个大文学家，影响中国其下历史的多方面，这岂不他的寡嫂亦有了很大的功劳吗？所以说，修身、齐家、治国、平天下一以贯之，连女性亦在内。这是千万不可忽视的。

四

我上面讲中国人生，多讲了齐家，多讲了女性。这亦有缘故。因中国人生重情感，西方人生重事业。中国人生重在内，西方人生重在外。要请女性到社会上来求富求贵，争权争利，当然比不上男的。要使女的来当政治领袖，作三军统帅，亦自会远不如男的。但专讲做人道理，要把一己的情感充分发挥，使人群相和相安，满足快乐，则女性的贡献或许会胜过男的。中国人在齐家以上，还有治国、平天下，当然以男性表现为多。然而正本清源，把一阴一阳之道来讲，女性自不可忽。我此次所讲在中国人生之大本大源处，在每一人之德性上，在每一人之情感上。我这一讲，多讲了女性，自然有些偏。但诸位善加体会，从此寻向上去，自然不会错。

现在再从齐家讲到治国、平天下。大家都说治国、平天下必该有人才。清末曾国藩的《原才》篇说："风俗之厚薄奚自乎，自乎一二人之心之所向而已。"这是说，人才源于风俗。风俗厚，人才出。风俗薄了，人之有才，反多为害不为利，就算不得是人才了。现在我们试问，风俗从哪里厚起呢？还不是要从家庭，要从贤妻良母，要从人的一生，从幼小到长大成人，有一个温暖和爱的家庭厚起吗？一个女性在家，岂不亦有她的心之所向吗？清初顾亭林说："国家兴亡，肉食者谋之。天下兴亡，匹夫有责。"我们正亦可说，天下兴亡，匹妇亦有她的责呀！满清入关，顾亭林终身不仕。他就说，他的不仕满清，正为奉他守节寡居的嗣母的遗教。则女性的有关治平大道，天下兴亡，不又是一证据吗？

孔子《论语》说："志于道，据于德，依于仁，游于艺。"若专从外面事业来讲，则如今人所高谈的民主呀，科学呀，其实还只限于孔子所说游于艺的最末一项内。如我们今天大学教育，各门各科，像哲学、文学、政治、经济、物理、科学等，其实都还是一艺。要讲依于仁，据于德，从人的性情来讲，则我此讲，我自谓较易显出其涵意。而志于道一项，所谓人生大道，亦就由此显出了。现在我们又要提倡男女同校，务使男女双方接受同样一色的教育，将来都到社会作同等的活动，这又和我们中国以前人的人生理想，人生哲学，有大不同了。

时间有限，讲得太简略，敬请诸位原谅。

一五　中国人生哲学（第四讲）

一

我这四次的讲演，我很抱歉，没有什么特别的理论心得，只是随便谈谈。第一讲是讲我们中国的现代人生。我们希望所谓现代化，西化美化，一切学美国人，这是学不成的。这是我第一次讲的大意。第二第三讲，我是讲从前的中国人生是怎样的。今天第四讲，我要讲讲明天的中国人该怎样。这一次只能讲一些我心里想的，不能像前两堂举着些实际的事情来讲。

实在我们过今天的生活就应该考虑到明天。我们不懂得明天，不想到明天，怎么过今天呢？这是不可能的。过一天算一天，这不叫人生。我们应该要知道有明天，顾虑到明天，才来过我们的今天。明天我们中国人的人生应该是怎么样的？

我记得在二十多年前，我在香港，有一美国人特地来看我，他说，你在香港办一个学校，得到美国耶鲁、哈佛两个学校的补助，你认为香港是个安全的地区，还是并不安全？他的意思，认为香港是不安全的。我回答他说，现在的时代，什么地方都不能说是安全。可是比较讲来，香港总比美国要安全些。他大出意外，问："你这话怎么讲？"我告诉他："现在的世界是一个动乱的世界，可是这种都是小的动乱。倘使要有大的动乱，只有一个，就是第三次世界大战。第三次世界大战当是你们美国同苏维埃的战争。这个战争一定是一个原子战争。你们美国的原子弹拼命向苏维埃扔。苏维埃的原子弹同样拼命向你们美国扔。香港没有资格让你们两国扔原子弹。"他听了我这个话，完全以为然，不出声了。可是这还是二十几年前的话。到现在，我二十几年前讲的话，却愈来愈近情了。

其实远在我们对日抗战时，在昆明西南联大的教授们办一杂志，名《战国策》，就先已讲到第二次世界大战结束后，还会有美苏对抗的第三次世界大战兴起。不过在当时，只是一种凭空想象的讲法。即连我二十几年前在香港时，对那美国人所讲，亦只是一种凭空想象的讲法。可是今天则事态逼真了。至少下面的五年十年可能引起美苏战争。照我的看法，不只十分之五的可能，或许还在十分之五以上。当然我们要看今年美国的大选，明年美国的总统换新的还是旧的。再看苏维埃，我对苏维埃知道得太少。总之，在美国，在苏维埃，双方都在变。这个战争可以从缓，可以拖延，可是绝不能根本上地解消，说下面的世界是和平了，绝不战争了。这句话，至少须待五年十年以后，看情形再可说。在这五年十年以内，怕总不能说世界绝无战争。而这一战争，必是一场大的原子战争。我们应该想一想，万一这五年十年内，真有美苏原子战争，我们台湾虽可不吃到原子弹，但要安安顿顿地过，亦不容易。还有世界其他的一切变化。不论国家，不论民族，单论我们个人的生活，人生总该有番考虑呀！不能说是过一天算一天，这是第一点。

还有第二点，我想中国总还是一个中国，总不能像今天般，"两个政府"，只隔一个海峡，永远地对立下去。我想最近将来，中国总是会统一的。或许在五年十年以后，这要看世界大局的变化。我们中国一时总脱离不了美国关系。中国问题同时亦就是美苏问题。今天我们"两个政府"，一个就是马、恩、列、史的共产党政府，毛泽东开始就叫一面倒，倒向苏维埃。我们这里的"政府"，就是要民主政治，总算得是亲美的。今天大陆变了，同苏维埃隔离了，大批的留学生派到美国、欧洲。世界上的共产国家，只有我们大陆这样做，没有第二个。那么下边的大陆是不是也要变向美国一面倒了呢？这还没有定。倘使这样，那么我们"两个政府"同算得是亲美的了，当然会合并。倘使不这样，第三次世界大战后，美苏两败俱伤，美国不可靠了，苏维埃亦不可靠了，那么我们的问题亦就解决了。当然会和平统一。

我这番话，在前两年，我到香港新亚书院去作讲演，就已曾公开地讲过。我当时亦只说在五年内，现在过了两年，到今天还说在五年十年内，这是无法确定说的。诸位总要考虑，倘使到这一天，我们今天在座的十位中至少怕会有八位要回到大陆去。不仅大陆人会回大陆去，台湾人亦会到大陆去。纵然不是五年十年，在诸位的毕生中，我想总会有这一天。你今年三十岁，四十、五十、六十、七十，或许你在大陆过。你今年五十岁，或许六十、七十，你在大陆过。这是诸位一生中必然会有的现实人生，总不该不早有考虑吧。可是这就是一大问题。

二

我们在台湾，每一个人，除了懂得台湾，或许有十分之五，乃至十分之五以上的人，都懂得一点美国。而且我们今天的人生，实际上已是美国人生，不是中国人生了。不仅做出来的，即就在脑子里想的，亦是这样。诸位不信，诸位看报看电视看杂志，一切思想言论，仔细一想，亦就明白了。

至于我们对大陆呢？三十岁的人，生在台湾，可称对大陆什么都不知。四十的，从小就来到台湾，对大陆所知亦太有限了。那么有一天回到大陆，不是到了一个毫无所知的世界上去了吗？而且这个世界是我们大家所看不起的，亦可说是我们不愿意去的，而竟然去了。下面的人生又该怎样呢？

当然我们今天在座的有年龄大的，但一般说来，看轻大陆，不愿意去大陆，亦似乎和年轻人一般。然而到底我们大家仍得回大陆去。这不是我们今天一绝大的人生问题吗？这是现实人生的问题，不是哲学思想的问题。至少今天在我们的脑子里，要考虑到这两个可能。倘使你脑子里考虑到这两个可能，你今天的人生就会不同。现在我们是有一天过一天的人生，所以不会想到我上面所说的。

我再进一步讲，这个世界怎么会到今天这个样子？我说我们不知明天，就不知今天。现在我再要讲，我们不知道昨天，亦就不懂得今天了。这是中国人的人生哲学，要把一辈子从小到老，整个的生命，全部都打算在内，才能知得一正当的人生。不仅自己一辈子，父母子孙，一个家、一个国、一个天下，亦都要打算在内，才知得一最高正当的人生。不是私人的，一段一段的，过一天算一天，就算得是人生。而且就是这一天，还要抗议，要求变求新，不肯安定地在这一天上过。那么连这一天都没有了。其实西方人并非这样，英国是一个英国，法国是一个法国，他们亦一千年到今天了。而且全部的西方人，他们还都常念到希腊罗马，西方人有他们西方人的历史传统，在他们的脑子里。而我们求变求新，则要把以往的五千年历史全部勾销，来学西方。但又只能学西方的今天，总不能回头来学西方的全部历史。这样下去，中国究竟将要变成个什么呢？这真值得考虑呀！

我且再讲一讲美国。我拿我自己八十年的经验来讲。我生在前清的乙未年，前一年是甲午。我小孩时，就有八国联军打进中国来。有英国、法国，有德国、日本、俄国，美国只是跟在后边的，不重要的。其他各国都早同中国有关系，有侵略地，有租借，美国没有。所以当时中国人的心里，恨的是英国、法国、日本、俄国。还有一个德国，这事件是由德国开始的。美国不在内。庚子赔款，八个国家一国一份。忽然美国人把这份钱退还中国，教中国人派留学生去美国读书。这还了得，当时中国人的心里对美国是应该和对英法诸国大不相同了。当时的美国，在世界列强中，最多算得是第二流，或许只能说是第三流的国家。可是世界第一次大战兴起，美国参加了，他便一跃而为世界第一流的大国。到第二次世界大战，美国又变成中国最亲密的战友，而他又变成了世界第一大强国，这是全世界公认的。

但美国人在西方历史中论，是不成熟的。我们只举一点，第二次世界大战后的欧洲，像意大利，像法国，甚至于像英国，许多国家社会不安，美国人化多少钱，完全由美国一手救的。而且美国从头到尾，绝不想做一帝国，绝不要灭亡人家的国家来做他的领土。但实在讲来，美国人亦不懂得如何来做世界第一大强国，如何来做全世界的领袖。他们远离了文化大传统欧洲本土，已有四百年。每一个人，当他在艰困中，则易于做人。当他得意了，做人便难。所以人生的失败，常在得意时。美国今天是得意了，得意了该怎么办？这是中国人讲人生最所注意的一点。

我们大家希望得意，不希望失意。然而中国人不教人追求得意，只教人得意了，要加倍小心谨慎，防有失意事来临。这是中国从古到今，讲人生很看重的一点。美国人似乎不懂注意到这一点。好像可以为所欲为，我要怎样就怎样。而他要的，有些却不是为他们私的。是为人家，不是为自己。我举个例，像如南北韩战争，美国出面来帮助南韩，世界景从，成了十九国的联军。这真如泰山压顶，不仅北韩不能抵抗，毛泽东出兵帮北韩，又哪能抵抗。但美国人却不用全力，连一座鸭绿江大桥亦不派飞机去炸，尽让毛泽东军队源源不绝地渡江而来。美国人好像在想，他们自己是不会失败的，然而终于失败了。在三十八度线的板门店，吞声下气地讲了和，使美国真成了一毛泽东所说的纸老虎。倘照物质条件来讲，美国是不会失败的。但照精神条件来讲，人家拼死出全力，美国连一半力量都没有使出。他们实在是太得意了，认为要这样就这样。世界上哪有这般容易事呀！

但美国人并未觉悟到此，南北韩战争停了，接着就来南北越战争。越南的旧主人法国，已经退出不再过问。美国人却又出头来援助南越。然其他各国不再像韩战时那般踊跃出兵，只让美国独自来担当。美国人亦仍不用全力，一次一次地加兵，但决心不打进北越去。他们只要打一不求胜利的仗。他们既不求胜利，那么又只有归于失败了。

诸位当知，这世界天天在变，刻刻在变。以一个世界第一大强的美国，可以先败于韩，后败于越。而苏维埃在背后，则始终并未明白露面。只有我们在台湾的中国人,直到今天,还认为美国是世界第一大强国。只有它可以为所欲为,是可以依靠的。而美国人,则连他们对自己的信心亦失掉了。义务兵役取消了。他们大概想,从此以后他们是只要和平,不再要战争了。这真是当前世界一件大事呀!

欧洲人自普鲁士开始,全国皆兵,义务兵役是他们一件极大的事。我小孩时,我们中国人称赞欧洲人的义务兵役,骂自己国家连户口册子都没有,你国家有几个壮丁都不知道。其实这亦算得是清朝一德政。他们不再抽人丁税,所以亦不再要调查户口了。那就更不要讲义务兵役了。我从知读书,就知道义务兵役中国从秦朝汉朝就有。其实秦汉前周朝已早有,这较之欧洲近代的义务兵役,又早了两三千年。但今天我们中国人却闭口不讲,这究竟是知道,还是不知道的呢?汉朝的义务兵役到唐朝变了,还是义务兵役。汉朝是全农皆兵,唐朝变为全兵皆农。实因为中国地太大,人太多,断不需要全国皆兵了。这又怪中国什么呢?到宋朝,乃有"好男不当兵,好铁不打钉"的说法。这可见,中国人亦是一路在求变求新呀!

三

现在这个不讲,我们再回头来讲当前的世界问题。我们再要讲到美国人的心理。我先提出两个字,一是骄傲的"骄"字,一是谦虚的"谦"字。谦则心虚,而对外易得和。骄则心满，而对外易启争。中国人只提倡谦虚和合，绝不教人心满意足，大胆做人。"骄"字是中国人一向要人警戒的。西方人生重在每件事要求有成功。但一番成功，便易引起一分骄心。西方社会是一个商业传统的社会，今天的商业广告，每件商品他们都自称自满，骄态十足。亦教人买得，便能对己满足，对人骄傲。没有自谦，说他商品还有缺点的。所以西方人易生骄傲，不懂谦虚。希腊罗马若懂谦虚，不自满足，便不易快速亡国。近代的西方人，若懂得谦虚，以和相处，亦不会连着产生了两次世界大战。今天的美国人，当然他是今天世界第一大强国，真像可以为所欲为，要怎样就怎样，便产生了一个骄傲心，这一心理就几十年来害了美国人。韩战、越战美国人两次都失败，便害在这一"骄"字上。

在这两次战争中，亦有苏维埃，但他们只躲藏在后面，不出头露面，没有骄态流露。但亦非有谦意，乃其阴险，而扮演出一种退状弱态，不与美国正面敌对相抗，但他们成功了。美国人要怎样就怎样，他这个心理，他这个态度，便吃了大亏。今天美苏两国人的心理，似乎转过来了。美国人胆怯了，苏维埃胆大露面了，他们的军队开进阿富汗，这是一明证。现在他们两国的地位似乎亦要转过来了。那么今天的美国人又怎么办呢？

我先告诉诸位，骄心总是要不得。尤其是在得意的时候，更要不得。一个人在失意的时候，这句话可不必讲。一旦得意了，便会失败在这上。但美国人，到今天，这个骄的心理似乎还不易丢掉。我们做人，诸位要知，一旦得意起了骄心，便会一辈子忘不掉的。现在的美国人，他们并不是不希望世界和平，他们亦不想引起世界战争，至少他们不再喜欢当兵了。义务兵役都取消了。

卡特上台，就在提倡和平，获得了美国人的心理同情。阿拉伯人有了石油，不比从前，他们与以色列之间的争执，卡特就出来从事调停，不再专一袒护以色列了。卡特认为我出来调停，双方争执就易解决。但卡特这种做法，是不容易成功的。他们双方争执，你就不宜参加进去，该从旁设法调停。现在失败的不是以色列，亦不是埃及，而是美国。卡特不懂得。如有两朋友相争，你私下设法从旁劝他们是可以的，不能加进一我，成为三人之争，就更复杂，更谈不拢了。

第二个越南问题。卡特上台前就说，他要承认北越，现在又失败了。第三是韩国问题。他又说，要从南韩撤兵，今天撤了兵没有？反而增加了。第四是中国问题。他忽而取消了对"中华民国"的承认，来承认大陆。他的用意，固然想要联合中共来对抗苏维埃。美国的大敌，当然是苏维埃。然而对中国这般，不但不易解决问题，反而会引生出更多问题来的。

我可以说，卡特并无野心，而且存心在谋取和平。然而他一连串的轻率从事，大家说他不懂外交，其实他对阿拉伯，对韩、越，对中国，还是有一骄心在里作祟。此下美国总统竞选，不知是共和党胜利，还是民主党胜利，还要隔四个多月才能知道。在美国人的一般心理来讲，还没有十分厌弃卡特，可见美国人都还是要和平。然而美国人一面要和平，一面忘不了我是世界第一大强国。

照中国人的讲法，你得意了，你成为第一流的人物，你千万不要骄傲，你要谦虚，你要谨慎，你要有礼貌，你要懂得退让，才能与人相处。台湾对美国有依仗，南韩、南越亦然，都视美国为朋友。但美国对台湾、南韩、南越，则无谦意、无礼貌，不像一朋友。他要你怎样就怎样。中国大陆、北韩、北越，则是美国的敌人，但美国则转把他们当朋友看，对他们比较客气，不敢说我要你怎样就怎样。今天大家认为美国人不能做朋友。我小孩时，全世界白种人，就是美国人可以做朋友。可是今天全世界的白种人，只是美国人最难做朋友。你做他敌人，他对你有礼貌。你做他朋友，他就对你无礼貌。这就是他有骄心无谦心的一种心理作用在作祟。

所以我们一个人做人是该谦不该骄的。又试看毛泽东，他统一了中国大陆，这是从袁世凯以来中国大陆真统一了。当时那边一个苏维埃，这边一个美国，左右逢源。苏维埃要找到他，美国亦要找到他。英国罗素就说过，此下的世界，将是苏、美、中三个大陆国的世界了。如英、日岛国，是不行了。而毛泽东一起来就叫一面倒，倒向苏维埃，不理美国。不仅一面倒，还要自己出头来抗美援朝。

诸位，我们哪个人不希望得意呢？但倘使有一天你真得意了，你要记好美国的教训。一个人、一个家，发了一些财，做了一个官，你就能得意忘形吗？这是要不得的。他此下的失败，就在这里。苏维埃清算史达林，这是他们的内政，本可与毛泽东不相干。你清算史达林，我以后不再讲史达林就好了。

现在再说到苏维埃。他对中国大陆有了裂痕，却从不正式反脸。直到邓小平出兵和北越打仗，苏维埃还不曾有露骨的表现，他还在阴暗处做文章。依照中国人意见，在谦处做文章是容易的，在骄处做文章是难的。苏维埃对大陆并无谦意，但亦不露骄态。到今天他们又变了。看他们向阿富汗出兵，便是他们的骄态呈现了。此下苏维埃的文章，亦就不容易做了。今天以下，两骄相遇，又如何得希望世界和平呢？

中国的《易经》六十四卦，每一事变即讲一番应变的道理。但总是戒骄而重谦。在《谦》卦上说："天道亏盈而益谦，地道变盈而流谦，鬼神害盈而福谦，人道恶盈而好谦。"盈就是得意，就是满足，就是骄。中国古书明白教训如此。可算说得已够已尽了。

我们今天要在这里求开发，这十年十五年来台湾的进步，是不必讲了，大家都知道。可是这个进步是物质上的。从心理上来讲，今天我们已很得意了。说我们今天是美国商业上的第七个伙伴，此后还希望逐年进到第六第五个伙伴。只做美国一个商业伙伴，这又何值得这般自称自卖的得意呢？我们有电灯、我们有汽车、我们有高楼大厦，贸易成长率一年比一年高，这些不应该放在嘴边来自夸自大。我恐怕这亦就是一种骄意的表现，亦就是我们此下失败的根源了。今天我们只要看报上每天所载社会的一切消息，风俗人心，还是日趋进步呢，还是日趋堕落呢？别的都不用讲了。

四

我再举两句孟子的话来说："生于忧患，死于安乐。"这不是像西方般的一篇哲学论文，却是根据人生实况的两句格言。我们个人要各自问自己的心，怎叫安乐、怎叫忧患。我们不是尽要求安乐，不肯要忧患吗？我们人的一切性情、智慧、才具、能干，或者讲到事业，都从忧患中出生长大。一到安乐，一切便都会老去死去。我们却又尽说，我们是在一个安和乐利的社会。"和"固然是好，恐怕人要谦虚要忧患才能和。依照孟子的话，安呀、乐呀、利呀，恐怕要不得。如果我们一心要追求安乐与利，那将会使和的亦会变成不和。只要和，自能安、自能乐，而利亦在其中。哪能把不和的气氛，来争利，来求安求乐呢？我们说美国人是安乐的，但要知道这种安乐是靠不住的。所以我们要求安乐，就该先懂得忧患。懂忧患，才能生安乐。安乐了，又会生忧患。今天我们却尽力在提倡"安乐"二字，这不是反其道而行之吗？我们的蒋介石先生，教我们要"勿忘在莒"。这就是教我们要懂忧患。我们又说越句践卧薪尝胆，这又明白是在忧患中，不在安乐中。我们今天国家未统一，怎么能不要忧患，尽求安乐呢？

世界有治有乱。生在治世，天下太平，有太平时代的人生。生在乱世，我们亦该有一个乱世的人生。我总认为，我这一辈子就是处的乱世。从我生下来到今天，八十六年，不是处的治世。我要懂得，我应该怎么做人，我常要看中国历史上乱世的人物，他们怎么做人的。我当然做不到他们，然而我希望学到他们一点。

我再举一例。我为幼童，就懂读《三国演义》。长大了，我又喜欢看平剧。但在《三国演义》中，以及平剧中的诸葛亮，实在并不是一个真诸葛亮。诸葛亮在《出师表》里他自己说："先帝知臣谨慎，故临崩寄臣以大事。"诸葛亮把"谨慎"二字来称赞自己，并说他自己知谨慎。这须细读《三国志》正史，才能知诸葛亮是怎么般的谨慎法。我们和诸葛亮同样生在乱世，我们远不如诸葛亮，便更应该学诸葛亮的谨慎。不要寻求得意，得意了就不再会谨慎了，得意了便想出风头。至少今天我们是处在乱世，不能得意，不能出风头。

诸葛亮又教他的儿子"淡泊明志，宁静致远"八个字。我们一个人总要有个志，这是中国人最慎重提出来讲的。从孔子开始讲起，直到清朝末年，都在讲做人先要立志。现在我们不讲了。所谓"立志"，要做第一等的事，第一等的人。即在乱世，亦有第一等事，第一等人可做。最简单说，我们不一定非要做一成功的人，可是我们绝不能做一失败的人。居乱世，更应这样想。失败尤其重要的是在人格上，人格上失败了，中国人就说他不是人。西方人讲人格是法律上的名词，中国人是指德性上说的。淡泊明志，此志亦指人格言。淡泊最简单讲，就是不要在物质功利事业名位上有多要求。

诸位不要认为这些话都是古话。今天的人要照今天的生活，怎么可以不讲物质条件呢？我告诉诸位，我活了八十几年。我小孩时，没有电灯。我不记得到哪一年才用电灯，至少在十岁以后吧。然而我回想没有电灯时，我并不觉得不快乐。有了电灯，我并不觉得因此而很快乐。三十年前，我初到台湾，那时台湾轮番停电，我在台湾住一个礼拜，至少要碰到两个晚上没有电灯。但是我觉得，没有电灯并非不快乐。晚上没有电灯，不会影响你的人生。你自己失掉一份人格，就会抬不起头来。现在我们再不讲"淡泊"二字，为非作歹的事层见叠出，怎么办？大家就来讲法律，说要民主就该法治。人生难道只该受法律支配吗？不在法律支配之下，又怎么样过日子呢？诸葛亮教儿子所说的淡泊，不仅专指物质生活言，名呀、利呀、权呀、位呀，都不该太看重，这样才能宁静致远。我们今天又只要活动，不言"宁静"。所以我说，今天我们中国人的头脑早变成了西洋头脑。

诸葛亮又在《出师表》里说："苟全性命于乱世，不求闻达于诸侯。"他所说的"性命"，亦指"德性人格"言，不指物质生活言。今天我们则只在物质生活上打算盘，再不想到德性人格。诸葛亮说的苟全的"苟"字，不是苟且之意，是指不顾物质生活，不求名位闻达，只要求全他的德性人格。这真是最难的事，亦是最容易的事。你只要退一步，能淡泊、能宁静，不是就能保全你的性命了吗？用现代的话来讲，就是教你不要谋求得意，不要想出风头，这还不容易吗？倘使我们每一个好人，有德性人格的人，都能有名有位，都能被人敬重，这就不叫乱世，这是太平之世了。总不能不承认今天我们还是个乱世吧？你在这个乱世里，你不要出风头，不要求得意，不要计较物质生活上的条件，这是诸葛亮讲的话。讲得对不对呢？请诸位各自仔细想一想吧。

五

我上面说过，五年十年后，我们可能回大陆去。我们最重要的，便不该觉得是得意，是出风头，抱有一分骄心傲态。今天大陆人民的生活是如何般的艰苦，但我们回去主要的不是面对物质，面对电灯自来水，而是面对人。而且所面对的，是中国人，同是炎黄子孙，是我们的同胞。我们不该把胜利者的姿态，异国人的心理，来面对他们。我们回到大陆，总不能说，你们全错了，都不对，你们不知道人家美国是怎样的。我们回到大陆，第一该懂得"谦虚"，第二该懂得"忧患"，第三该懂得"谨慎"。我们回大陆，不是安乐的开始，乃是忧患的开始。要懂得如何和大陆同胞来共其忧患，来谋求国家民族的百年大计，长远的前途。这样的一番大责任，不是今天就早该忧患着吗？所以我说，诸位在今天就该顾虑到明天，五年十年很快就来，那时真是天地大大变了。

我的意思，与其你到华盛顿、到纽约，去住一段时候，或是旅行一番，你认为可以享受一些快乐。你还不如定下心来，拿我上面所举如《论语》《孟子》《易经》《大学》《诸葛亮集》等几本中国古书好好去研读一番。把中国古人教人如何做人的道理如谦虚呀、忧患呀、谨慎呀，好好放在心上。这不仅对我们个人，而且对我们国家民族大前途，定会发生一番作用的。因为我们到底是个中国人。诸位千万不要认为昨天的过去了，我们要讲明天了。这个观念，中国人讲人生绝不这样讲。我们的今天，还是该保存有昨天，还要连带及于明天。这是所谓人的一生。若使昨天已过去了，今天又要过去了，只有明天。但明天很快就会是今天，又会成昨天，亦会很快地过去。这人生不是全部落空了吗。

我这匆匆四次的讲话，言有尽，意无穷。一切讲不尽的意，留待诸位自己体会，自己考虑吧。还请诸位原谅。完了。谢谢。

（一九八〇年台北故宫博物院连续四次讲演）

一六　人之三品类（桴楼闲话之一）

一

人应可分三品类：

一曰时代人。

二曰社会人。

三曰文化人。

生此时代，则为此时代人；居住此社会，则为此社会人；受此社会传统文化之薰陶，则为此文化人。此三者似乎是一而三，三而一，无可细作分别。但就其人之畸轻畸重处加以品评，亦确有此三类可分。

试就妇女界言，尤其在大都市，热闹街衢上，大集会，大的交际娱乐场合，每见得一批妇女，服装、打扮、交接应对、动作仪态，无一不表示出一套摩登气派。有外地旅客骤到观光，此派妇女最易招惹观瞻。此乃社会一朵花，一种最名贵的点缀与装饰，使外地人获得对此社会一番活泼的刺激，生动的影像。此一派妇女，我称之曰"时代性"的妇女。此便是妇女界中之时代人。

时代性的妇女，浮现在社会外层，在一社会中，并不占多数。多数妇女，则常在家庭中操作，烹饪洒扫，洗涤缝剪，种种杂务，多由其任劳。出外则或任学校教师，或在医院中当看护或医生。或在公司、商店、工厂中，当种种职员乃及政府官员等。此等家庭妇女以及职业妇女，我都把来归入"社会妇女"之一类。此类妇女，处在社会之内层。并不惹人注目，但却是社会之中坚。

其中更有杰出的，立德立功立言，名垂青史，各时代、各职分中都有。这些妇女，都受了此社会文化传统之极深陶冶，代表着此一文化之精英。此类人在三者中占最少数，但极重要。虽不能多有，却不可没有。我特称之曰"文化妇女"。此便是文化人。此乃一社会之灵魂。一社会之真实生命，即在此类人身上。

又试以建筑为喻：文化人乃此建筑中之栋梁柱石。社会人乃此建筑中一切砖木，一切建筑材料。时代人乃此建筑外表之粉饰雕绘。三者缺一不可。有了栋梁柱石，始能支撑得起此一建筑，但尚不能便成为一建筑。须待很多砖木材料共同凑合，来完成此建筑。建筑成了，亦必须加以粉饰雕绘。外面金碧辉煌，里面清雅高洁，才使人心悦而居安。

二

文化人又像可称之为历史人,其实不然:因在历史人物中,能当得起文化人物的名号与价值的,依然不多。又且文化人亦不尽入历史。如颜渊不见于《左传》,屈原不载于《通鉴》。此等最高的文化人物,有时史籍,限于体例,反而摈弃不载。有些也只偶然提及,不占历史甚大篇幅。但不见于历史记载,仍可无损其为一文化人。此则待识者识之,来为之表扬,加以崇重,此乃社会人之责任。

大概最受人注目的,还是一些时代人。举例言之,自宋以下科举中有状元,真是极一时之荣华。不仅光宗耀祖,亦为乡里生色。但夷考其人,有些并无建树,并无贡献。他在社会中突出了,但要算他为一社会人,其实亦不够格。一朝瞑目,声名澌灭,虚过了一生,尚不如一平常人。此等时代人其能名登史籍的,也并不多。只是一时煊赫,只得称之为是一时代人。

又如帝王时代之宰相,在一人之下,万人之上,位极人臣。岂不显要。但有了政府,设了官阶,总是有宰相。其中无功绩无表现的甚不少。此类人,对社会不仅无好影响,反多坏影响。即要算他作一历史人物,有些也不够格。有些则是在历史中之反社会反文化人物,其距离文化人物之标准太远了,但不能不说他是一时代人。

凡属煊赫一时的人,有些是哗众取宠,欺世盗名。有些是因利乘便，适逢其会。有些是巧夺豪取，攘窃霸占。有些是庸庸碌碌，福泽所钟。形形色色，若要细为分类，也实在分不尽。有权有位，有名有势。被人侧目，受人羡视。有些是少一人与多一人，对此时代，实无关系。叫别一人来替换了这一人，也无关系。一时烜赫，其实只是一虚影。但这些尚是好的。有些在他当时或不易觉察。在他身后，坏影响、坏风气，却可历时抹不去。这些人则实在要不得。因此时代人与社会人、文化人不同，写入历史，又是另一回事。这中间良莠不齐，邪正淆杂，使我们不可不严加区别。

若就我所提此"时代人"之一名辞而言，其普通意义，则人人该是一时代人。生在这时代，便是此时代人，谁也逃不脱。以前的读书人，谁也须做八股，应科举。近十年来的妇女界，谁也得穿尖头鞋。鞋不尖头，在鞋铺中已绝迹难找。但做一时代人须知能适可而止最好，不要太热中。祖母的摩登，给她孙女儿见了会恶心作呕。人不百年，而在此百年之内，时代不知会变几多次。最忌是做时代人中之尖儿顶儿，锋头太健，反而对己对人，有损无益。如做一个时代著名的交际花，便会伤害她做一社会妇女之职责。点中了状元，反不如进士、举人、秀才，他们将来的地位可高可低，他们将来的事业可大可小，转可以随量贡献，易有成就。对社会总可有些好处。点中了状元，他的活动范围转狭了，要对社会有贡献转难了。《易经》上八八六十四卦，每一卦的上爻，总是多吝多悔。《乾》卦上九，"亢龙有悔"，那正是指时代人物言。若圣贤进德修业，群众人庸言庸行，都没有所谓"亢龙"之象。

"鲁人猎较，孔子亦猎较"，我见极多的社会妇女，同时尽不妨是一个时代妇女，只不是时代妇女中的尖儿顶儿而已。孔子圣之时者也。一文化人，必然同时是一社会人，又兼是一时代人。即如近代孙中山先生，亦是三者兼于一身，而又各占其极。但亦有例外。如东汉孟光，肥丑而黑，力举石臼，布衣操作，三十不嫁，却扬言得夫当如梁鸿。鸿闻其贤而娶之。鸿本人，高歌《五噫》，逃隐吴郡。他们夫妇，在当时，都像不要做一时代人，但却应同列为文化人，而且也是文化人中之高者。其名不仅照耀史册，抑亦传诵后世，直到近代，至少我们无锡人，无不知梁鸿孟光。梁溪之名，即从梁鸿而得。我家距梁孟隐居处不到两里。一小山称鸿山。每逢清明，乡人竞往祭扫瞻拜，到今两千年不衰。鸿山更早是吴泰伯所葬。吴泰伯三以天下让，避至荆蛮，民无得而称。在当时，他亦不是一时代人，哪能与王季文王相比？但就文化人地位论，至少应在其父太王、其弟王季之上远了。我乡人崇祀吴泰伯墓，则已超过了三千年。此类人在中国，遍地古今皆有。中国文化之深厚伟大，此类人实是一绝大因素，因此在文化传统里，占有绝高地位。

三

中国文化传统，提倡"中庸"之道。我举人之三品类，社会人则正是些中庸人。由他们中间，产生出文化人与时代人。时代人后浪逐前浪，跟着时代潮流，淘汰翻新，冲刷而去。文化人则是不废江河万古流。其实此万古不废之江河大流，还应归在社会人身上。文化人也即在此社会人中，不过后推前引，对此大流之动力，发生了更大作用而已。因于此流之动力大，流量深，流程远，自然不免波涛迭起，鱼龙混杂，也足为此大流生长声势，激荡变化。有些则转成了逆流，有些则播散为支流，但都敌不住此大流之滚滚直前。因此那辈时代人，其中一大部分，我们也不该鄙视，也不用反对。只贵因势利导，纳之正趋才是。

　　以上我分别了人之三品类，我们能心知其意，自能对各个人自己立身处世之道，有个斟酌选择。若要主持社会风气，领导教育重任，更应心知此三分类。方可品评人物，指示轨途，对于吾国家民族文化此一大流之保存与发扬，有贡献。孔子说："不患人之莫己知，患不知人也。"应便是这个意思。

（一九六六年十一月十九日《中央日报》）

一七　身生活与心生活（桴楼闲话之二）

人生,可分为"身""心"两部分。虽则身生活必兼心生活,心生活亦必兼身生活,但仍不妨分别论之,可更易明人类生活之真相。

《吕氏春秋》载一故事,师徒两人薄暮进城,适城门已闭,不得已露宿郊野。遇大雪,甚寒。其师云："今夜雪,盛寒深,我两人势难幸免。不如合两人衣穿一人身,此一人或可勉强度过此夜。我方传道救世,不宜死,汝当解衣衣我。"其徒说："我随师方浅,尚未能传师道。师欲传道,当先救我一死。"其师无奈何,乃解衣与徒。当此两人一番商议讨论之际,同样有其心生活。惟其徒心中,惟知己身生死,视其师赤身毙雪中,漠然曾不动其心。故此徒乃以身生活为主,心生活为奴,即古人所谓"以心为形役"。而其师心中所考虑,则不专萦怀在己身上。明知两人不得同生，乃舍己救人，此即其心生活能超于身生活之外之证。

身生活与心生活，虽同属人生之一面，然二者间性质甚不同。有关身生活者，多互相排拒。如一碟饭，饱我之腹，即不能同时饱人腹；一杯水，解我之渴，即不能同时解人渴。一件衣，暖了我体，即不能同时暖人体。凡属物质方面，莫不如此。故惟知关心身生活者，其心灵必狭小多私。又且声色、臭味、体肤、口腹切身之欲，只一人自知，一人受用。又多是取之人而供之己，乃是以人之失为己之得，故同时易起争夺心。

有关心生活者，如情感、如思想，皆可与人共之。一人向隅，举座为之不欢。一人喜乐，满室为之开颜。与人以同情，在人得安慰，在己无损失。凡自己有一套思想、知识、信仰、理论，总喜欢公之人人以为快。《老子》说："既以为人己愈有，既以与人己愈多。"所以心生活之内容，可以取之人而于人无损，可以公之人而于己益多。其心情可以日趋广大，其境界可以日趋开明。可以无我无人，古今中外无阻隔而融通为一，则只有在心生活方面。

英国哲学家罗素，曾主人心可分"创造冲动"与"占有冲动"之两项。"占有冲动"者，凡属有关身生活物质方面之一切营谋获取皆属之。此即我上举心为形役之一类。"创造冲动"者，如文艺、美术、哲学思想、科学发现、种种心智活动之不必直接有关于身生活方面者皆属之。此等皆于人类文化有创造，而又非可以占为私有，故谓之创造冲动。罗素意，人类惟尽量删减占有冲动，提倡创造冲动，乃可走向自由和平之大道。惟西方哲学似于人心体察欠深入，罗素亦然。彼之分别创造、占有两冲动，并不能包括"心生活"之全部，又不能提供具体而鲜明之修为方法以达成其望。所谓创造冲动，亦不能使人人皆能在此方面有深入，有成就。抑且专从冲动看人心，亦易滋流弊。近来彼已年老，心智衰退，却又不甘寂寞，仍欲惊动世俗，常为思想界一领导人，乃力主向共产主义妥协屈服，甚至为越战而主张公审美总统詹森。其实亦是一种占有冲动在彼心中作祟，期能常占有一个人道主义和平运动者之美名而已。创造云乎哉？可知罗素此一心理分法实甚粗疏，彼并不悟人心之占有欲，乃可扮出种种面相从种种途径而出现。彼之自身，正是一好例。

说到共产主义，虽不从私人身生活出发，却在社会中划出一集团来，为之分阶级，运用集体力量来攫夺，来占有，而排拒此一集体之外者为其斗争之对象。马克斯只认有身生活，不认有心生活。彼乃极端主张心为形役以及占有冲动者。若不然，无产阶级获得了胜利，社会宜可仍然走入正常，而实则不然。共产主义若需修正，则其过分重视身生活之基本意态，及其坚认心为形役与其奖励占有欲之心理，非首先痛加修正不可。但若经如此修正，则共产主义亦将不复存在。

中国《荀子》书中曾引"道经"，有"人心惟危、道心惟微"两句，后来羼入于《伪古文尚书》中。宋明理学家极重视此"人心"与"道心"之一分别。而阐发此一分别最深切中肯者,则为朱子。其说扼要写入《中庸章句序》。大意谓人心生于形气之私,此即本篇所说有关身生活方面者,人生不能脱离形气,故曰"虽上智不能无人心",然因形气身生活所引生之诸端,则易陷于狭小自私而启争,故曰"人心危"。谓道心原于性命之正。儒家所谓"性命",乃指人生之大本原处,直接上通于天,即大自然。能从此着心,则其心广大,明通公溥,自能见道大而得理正,故曰"道心"。人心、道心则只是一心,即此在躯体中之心。无人心则不成为人;无道心则人生不能有道。人既同有此人心,亦即同有此道心,故曰"虽下愚不能无道心"。惟因此心拘于形气,常易为人心所掩,暗昧而不彰,故曰"道心微"。人心危,故须"防";道心微,故须"养"。此一说法,较之罗素之分创造冲动、占有冲动,用意颇相类似,而分别得远为涵括恰当。又且中国儒家对此心之防戒修养,在方法上有甚深之研究。

而西方人除却宗教信徒,另有一套修养外,其余则对此问题实多未能深入。即如马克斯,在伦敦旅舍写《资本论》,何尝不是体大思精,何尝不是一种创造冲动之极高成就。但从其心体本原上已缺却一段"修养"工夫,因此其全部著述,总超不出"唯物观",而在其内心隐微处,还带有甚深之仇恨感、反抗感,斗争戾气,充斥流露,到底不出人心之陷阱,更无道心为之主宰而加以融化。凭最宽恕之评价,最多是贤者过之,决无当于道心明通公溥。

共产思想一时亦能得群众之归趋与拥护。若谓共产思想起于贫穷，只要在经济上得些润泽，便可使之易辙改向，则又未免太短视了。此因近代西方资本主义社会本亦偏陷在身生活物质方面，遂认其如此。而不知共产主义，正为有激于此种潮流而生起反动。其深中于人心之沉痼难疗处，则决非专着眼于物质经济问题上之所能挽回与解救。即此可见近代西方人对人类心理少了悟，欠理解。尚远不能窥测到八九世纪以前宋代理学家观察人类所得之境界。而宋代理学家则远承先秦孔孟儒家传统而来。其对人类心理许多精微的启示与教导，乃中国文化传统精华所在。

近代中国人，追随西方潮流，亦仅重"身生活"，仅知有物质占有，不知有"心生活"，能发出超乎物质身生活以上性命本原之大道。一闻罗素创造冲动与占有冲动之说，则欣然首肯，认为是西方哲学上一种新理论、新说法。若与之提到宋明理学家"人心""道心"之说，则鲜不心存鄙夷，认为只是一种陈腐之谈，不足复论。其实就身生活言，近代固已远胜了古代。就心生活言，则人类心性，古今并无大变，而古人在心生活方面所到达之境界，亦并未远逊今人，抑且犹远过之。吾国人果能对此一传统平心加以探讨与阐发，将不仅对自己国家民族有益，亦将对世界人类文化有益，此篇所论，则仅偶发其一端而已。

（一九六六年十一月二十七日《中央日报》）

一八　人学与心学（梓楼闲话之三）

一

居今之世,亟当提倡两种学问。一曰"人学"。一曰"心学"。亦可合称为"仁学"。

孟子曰："仁者人也。"又说："仁,人心也。"人有此心,始得为人。故仁学乃是人学与心学之合称。

人学学"为人",心学学"养心"。

为人之学,重在"与人为人"。养心之学,重在"因心养心"。此两种学问,乃中国传统文化精华所萃,而同时又为今世人之所忽,而又万不可忽者。其亟须提倡之理由在此。本篇试略申其大义。

何谓"与人为人"？乃指为人必在人群中为之,离了人群,即不得为。人在人群中为人,非在人群中谋生之谓。鲁滨逊漂流荒岛，主要只求谋生，斯则与其他兽类同居此荒岛者不能有大异。必待其重回人群，乃始有重新做人之环境与可能。丹麦易卜生一剧本，设为有娜拉其人，离家出走，告其夫曰："我将到社会上做一人，不复在家庭作一妻。""五四"运动时，此一剧本在中国宣扬甚广。几乎认为人生大道即在此。但在家为妻，是亦人职。不得谓为妻即不是人。出至社会，只是另换一身份，或当学校教师，或为医院看护，或做公司中一职员，或从事任何职业，仍必与人为人。非可脱离人群，超越人群，独立自由，摆脱净尽一切的人与人关系，抹去了一切在人群中之身份而赤裸裸地为一人。

西方神话中有亚当、夏娃，成双作对，来此世界作人。若使夏娃也如娜拉，离开亚当，则将不复有今日之人类。释迦牟尼逃其妻女，只身远去，但他后来还是回入人群中与僧为僧，也便是与人为人。达摩东来，九年面壁，但彼居住在嵩山少林寺，不如鲁滨逊之在荒岛。彼亦仍是与僧为僧，在僧群中作一僧，非脱离超越了僧群，而可独立自由地为一僧。故佛教徒虽主张出家，但并未主张出世。若贸然自杀，想求出世，他将依然受轮回，转胎投入此世中来，若为僧则依然是在人群中为人。为人则必有"人道"，必与人为人。此乃人生一大真理，谁也不能违背。中国古人，自始即认清楚此一事实，从而探索发扬此一事实中之真理。宏通细密，举以教人。中国社会即建基在此，中国文化亦道源在此。中国人所讲究之人伦道德皆由此来。

二

心则是人之主宰。欲知如何为人，须先知如何"养心"。人生不专为生，更要乃在生而为人。谋食之上须知"谋道"。谋食者以心为形役，谋道必奉心为主宰。人有一盆花，一缸鱼，皆知所以养。人有一心，却不知养，可谓大愚。何谓"因心养心"？心为人人所同有，因此有同然之心。同然者则必历久而常然。此同然与常然者，又称为人之本然之心。因不能有超越人群独立自由创出此心以强人必然也。既为人之所同然常然而又本然者，则亦必是当然者。人有此当然之心，流出为事，于是有当然之理。能知此心，斯知为人之道；能养此心，斯能真实践履此为人之道。故贵能从人学中来认取心，从心学中来作为人，此两端，交互回环，成为一体，中国古人则称此曰"仁"。然使心失其养，则违其当然，异于同然，非其常然，而流俗相沿，转有即认此以为人心之本然者。故"知心"之学，又为养心之前提。

人之相知，贵相知心。夫妇居室，使两心不相知，则决然非嘉耦。父母不知子女心，何来有慈道。子女不知父母心，何来有孝道。一切做人道理，全从心中流出。人之躯体，各别分开，故从身生活言，可以争独立，争自由。心则是一大共体，亘古今，通天地，只要是人，则必具此心。心与心之间，则最易相感相通，因其相感相通而成为一"大共心"。亦可谓乃由此一大共心而分别出亿兆京垓为数无穷之"个别心"。

人尤贵能认识此大共心，姑举科学为例，现代科学界日新月异，不断有发明。某人发明了某一真理，同时某人又发明了某一真理，其实在科学中则仍有一大共心，直自知得二加二等于四，到不远将来之送人上月球，种种真理，皆由此一大共心中发出。一个科学家，首贵能把己心投入此大共心中，以此大共心为心，而后能成为一个特出的科学家。任何一个大科学家，只能在此科学大共心中突出，不能超越或离去于此科学大共心之外而独立自由求发明、求突出。科学如此，人生一切皆然。故曰"圣人先得我心之同然"。科学家之发明，只是先得了此科学心之同然。亦只是因心养心而始获得此果实。

远自知得二加二等于四，发展到懂得如何送人上月球，还只是此一大共心，此心之所以能不断有发展，其道则须养。不好好养得，即不能有发展。正如一盆花，一缸鱼，不好好养，便萎了死了。但养心不如养花养鱼般易知易能。必真能潜心科学中而自有心得者，乃能默喻此科学之大共心，又知如何能善养而勿失。惟人心广大，除科学心外，尚有艺术心、文学心、哲学心，及其他种种一切心。皆在此一广大心之内。即言科学，已是千差万别。科学以外，又是千差万别。但种种差别，皆原于人之一心。在此千差万别之上，复有一包举此千差万别之"大共心"。人因有此一大心，故能发明科学，创造艺术，成就文学、哲学。理智如此，感情亦然，意志亦然，以此会合而成一完美的人生。今特随宜呼之曰科学心、艺术心云云，其实皆相通，只此一"心"。可以有种种表演，种种成就，但不能在此广大心中各自割据，自立门户，自筑垣墙。如是则道术将为天下裂。纵使因此而完成了各项学问中之专家，却亦因此而失去了一全整的人。人失去了他的全整性，则必互陷于分裂，循至于人失其为人，而专家亦自失其为专家。至于是而人道大苦。故在此千差万别各部门学问之上，必该建立起"人学"与"心学"。必求能从人学中流衍出各部门学问之专家。从心学中，流衍出各式各样的心能与心活动，即是各部门学问之各项智识来。如木一干万枝，如水一源万流。本大则末茂，源深则流远。中国文化则早能注重人学与心学，知在培本浚源上用工夫，知在综合汇通上用工夫，此乃中国文化一极大长处所在。

三

现代人意见，若认为人即此便是人，心即此便是心。人与心，正如一笔天然资本，可凭此生利息。一切人事发展，学问创辟，则便是所生的利息。有所谓人类学、心理学等，这都是近代科学中一分支，与此篇所说人学心学无关。正因不讲究"为人"与"养心"之学，人生出了毛病，则又有犯罪学、疯狂心理学等。作人则在职业谋生上。养心则进教堂、电影院与游戏场。人只如此做，心只如此养。出了问题，便交付与法律与监狱，战争与杀伐。人生无共同理想，人心无共同境界，现代人生，遂致全体堕落在身生活物质陷阱中。各自私而互相争，独立自由种种呼声，全从此情况下叫起。各种学问，则离此独立，分道扬镳，愈驰愈远。不从人生出发，不向人道集合，有些与人生漠不相关，有些则仅为身生活物质人生作仆隶。试问送人上月球，是否为解决当前人生问题而付出此甚大之努力？核子武器之不断发明与推进，是否为领导人生，抑为某种人生之利用？不见有在建筑起一切学问之基础上，汇通此一切学问之中心上，有所用心。中国古人说，"为富不仁"，今则一切学问，皆渐染有"不仁"之嫌疑。此则全是忽略了"人学"与"心学"之大本原而演出此等现象者。

今若问中国文化中所讲之人学与心学，其内容究如何，其成就又如何，又将如何发扬光大，使能在现世界人生中见实效？凡此皆非本篇所能及。本篇则仅属开宗明义，提出此一意见。其他以后待续。

（一九六六年十二月六日《中央日报》）

一九　谈谈人生

一

我很高兴,今天能有这机会向各位讲几句话。题目是"谈谈人生"。此题看似轻松,但亦许可以说,今天举世最重要的问题,便是人生问题。

今天是一个动荡的大时代,诸位每天看报,有关国际问题、国内政治问题、社会经济问题,乃及宗教、学术、教育等诸问题,在在都刺激我们。我们对这一大动荡的时代,任何方面都得使用我们的聪明来作察看,来求应付。但从另一观点讲,无论是国际的、国内的、政治的、经济的、宗教的、教育的、种种问题与事变,固然都可影响我们的人生。而除此许多问题以外,实还有一个"人生"问题独立存在。也可说,人生问题是根干,其他一切问题都是枝节。人生问题是中心,其他一切问题都是外围。从历史上看，政治、经济、宗教、学术诸方面，常有大变动发生，而人生问题则变动较少，但今天则人生问题显然单独成了一大问题。在时代大动荡中，尤其见得其动荡。

我个人在近几年来常注意这问题，我不能到处跑，只从报纸上，或从别人谈话中，看到听到。可以说，今天是全世界人类人生，从其本质上发生了问题。近一年半来，我曾随时笔录这些材料，已有一百条以上，姑举一例：英国伦敦大学及其他一所大学，在今年，曾对高中三年级男女生发出一项调查，关于男女性交，认为在婚前发生系不正当者，男生占百分之十点三，女生占百分之十四点六。七年前，也对同样问题调查过一次，男生占百分之二十八点六，女生占百分之五十五点八。此一则新闻，诸位读报，或易忽略过。但在我视之，此是一项惊心动魄的大新闻。由此牵连到堕胎问题，最近又有一调查统计，伦敦女子，十六岁以下堕胎的有多少，十九岁以下的有多少，十九岁以上的又有多少，数字记不清，不拟在此再述。我只举此一例，其他暂不涉及。好在这类事情，诸位只要留心，中外各报，几于触目皆是。

上述风气，此刻幸而尚未传播来香港，但以后说不定会来，如学校应否灌输所谓性教育？应否将该项电影向学生放映？最近香港，已曾有过此讨论。英国人主张正面。中国人多主张反面。然而风气传播很快，已成了时风众势，说不定将来此地的中国人会改变态度，主张采用西洋方法。

二

上之所述，足可证明全世界人生，都已在本质上起动荡。我从许多新鲜问题中，常怀念到孔子《论语》中的两句话。说："己欲立而立人，己欲达而达人。""立"是要自己站得定，如果自己站立不定，在此激荡人生中，说不定会失去了今日之我，彻头彻尾另换一新人。不仅我如此，我之父母、夫妇、兄弟、子女皆可如此。三五年后之人，可以变成全不是今天之人，如此想来，岂不可怕。

最近报载，香港有一所中学，为剪去一学生之长发，引起轩然大波。有人赞成，有人反对。此亦成了一问题。此刻固然只是一小问题，但说不定再过四五年，我再来此地演讲，在座听众，尽蓄了长发，如此之变，却不能还说是一小问题。

孔子之所谓"立"，乃在大家喜爱蓄长发时，有人坚持不留长发。所谓"达"，则如前面有一条路，由我独走，而又走得通。此在中国成语中，谓之"特立独行"。此刻大家都不知该站定在哪里，也不知前面有何路可走，随波逐流，日新月异，茫不知其所趋向。如此多少年后，将会举世面目全非，我亦不复是一我，其他则复何论。我所以今天要提出人生问题来同大家讨论，意即在此。

中国古人有"大同异"与"小同异"之辨。我可以这样说，只有"人生"问题是一个大同异。其他一切问题，则全属小同异。若有人信从自由民主，也有人反对自由民主，双方可以各成党派，绝不是单独一人如此，故此只是一小同异。其他种种皆然。只有人生问题便不然。夫妇间，父母、子女、兄弟、姐妹间，各人问题各不同，各人有各人的一个人生，此之谓"大异"。但只要是一人，古今中外，同此人生，莫能自外，此之谓"大同"。人生问题之重要性就在此。所以超出于政治经济等种种问题之上而独自成为一问题。

我们在此人生动荡之大时代，我想提出几个人生的共同大原则、大标准，从其大同处来和诸位讨论研究。至于其大异处，则待我们各凭自己聪明才力，各从人生之大同处，来自我解决。但我今天，则只能讲一点，不及其他。

三

今且试问，人生究是个什么？也有人说，人之一生，就是人生。但此话太浑括，太笼统，说了等于不说。我们可否只用几个字，几句话，来说尽我们各人的人生，乃至古今中外一切的人生呢？我想人生只是一体而两面，一为"业"，一为"性"。通俗言之，则为"事业"与"性情"。我此所谓事业，乃指广义言。如在政治、经济、宗教、教育、文学、艺术、科学、发明种种方面之建功立业以外，凡属职业，亦系事业。再推广言之，一日三餐，早起晚睡，亦是人生中的事业。而且亦可说，乃是人生中不仅最普通，亦系最伟大之事业。人人都要饮食睡眠，孔子、释迦、耶稣、穆罕默德皆不能免。

如此概括言之，全部人生只是一事业。正如佛家所说，人只为一大事出世。

今再问，人何以要吃？则为肚子饿。人何以要睡？则为身体疲倦。为何会饿会倦？则属生理问题，此亦属于人之性情。若使人能不吃不睡而活着，岂不大自由。但如此则成为一仙人，换言之，乃是一非人。只要是人，则必有其性情。

今再申说，人当饥渴时，便感觉不舒服。得饮得食便舒服。饮食是事业，舒服不舒服，则属性情。人生一切事业，皆本源于性情，又皆归宿到性情。又如两人同时同地同吃一顿饭，一人快乐，一人不快乐，此或由两人体况不同，或由两人素常习惯不同，或由当时两人遭际不同。同一事业，而反映出两种性情。今试问：此等处，究当以性情为重，抑以事业为重？

所以我说，"事业""性情"，乃人生之一体两面。事业在外面，与人共见；性情在里面，惟我独知。如我在此演讲，这也是事业。但讲时的声音笑貌，并不如一架机器，只把所藏知识向外播出便是，而实必具有一番感情，与此事业同时并进。诸位听讲，必然各有反应，亦是性情夹着知识。知识较具共同性，而性情上之反应，则人各相异。即如饮水冷暖，亦各有性情反应，不能与人共知。

各人性情相异，正是人生中一大秘密，藏在各人心中。人生有此秘密，便是各人之安身立命处。可不从看得见处与人相比相争。只堪自怡悦，不堪持赠君。若必在看得见处与人相比相争，此只是自寻烦恼。一人喝鸡汤、吃鱼肉，另一人喝菜汤、吃豆腐，人各自得，大可不必相比，而且也不能相比。各有各的滋味，各有各的满足，只能自己体会，不待向外寻觅。

人生可说没有一分一秒钟是虚度白过了。一切经历，全保留着。此所谓自作自受。正如把数字投进计算机，其积数全存藏在电脑纪录中。《列子》书中有一寓言，说有一皇帝，每晚必做噩梦，作一苦工。在彼国内，有一苦工，每晚必梦为皇帝。那皇帝知道了，唤来那苦工，要求和他互调职位，但那苦工拒绝了，说皇帝命作何事，所不敢违，只不愿舍弃了"我"来作皇帝。此两人事业不同，何以皇帝要梦做苦工，正为其日间事业，必有于心不安。而此苦工，日间虽劳碌，但是心安理得，所以每晚必获美梦。从这里看，可知人生当有一大抉择。究当看重事业，抑当看重性情？究应在共见处与人相争，抑在独知处自求多福？此一故事，深印我脑海中，已历六十年。到今天，仍觉得此番寓言，实涵蕴着人生无穷真理。

四

今世有些人，别人从其外表事业上看，他们非不伟大，也似乎非常得意。但在其内心上，却总不安，多有忧戚，多有烦恼。这里有一大秘密，旁观者看不见。更严重的，是那些人尽向外面争，连自己独知处，也渐模糊黯淡，如明镜蒙尘，失了其明照之本性。然而纵所不知，还是有知，正因在他内心深处，所以使心不安。今天的世界，此等人太多了，于是整个世界，像在做一大噩梦，沉沉难醒。无论在国际形势上，各国内政上，社会经济上，宗教教育上，一切一切，都像陷在一大噩梦中，呻吟挣扎，而不知其根源之所在。在其间，若有人，能立能达，能不失其性情之正，此人事业虽小，却不失为能堂堂地做一人。此人也无他大异，用中国古人成语来说，他只是不失为一"性情中人"而已。

如今天在座诸位，进了文学院，读着中文系，若论出路，大家俱知，不如学理工科的好。但诸位不计较将来功利，宁愿来投此冷门。若果是出于诸位性情上之选择，则安知非诸位毕生幸福之所在。此则须诸位自去体会。

再进一步言，诸位毕业后，必然会各就事业岗位。或结婚，或出国留学，或谋一职业，其间可以千差万别，但人生主要，则决不在此。《中庸》上说，"天命之谓性"，只有"性情"，出之天赋，与生俱来，到老死不得放弃，此乃人生唯一主要处。但有一点，当特别提出，加以说明。诸位若认为性情一成不变，此固不错，但只说对了一半，另有一半未说到。此所谓只知其一，未知其二。人之性情，固是"先天禀赋"，亦是"后天培养"。这话如何说呢？如香港人喜欢养狗，所养有各式各样的狗。有狮子狗、北京狗、贵妇狗、狼狗、狐狸狗，其他种种。诸位当知，狗是人类最亲近的朋友，常在人文陶冶之边缘。此许多种狗，并非原始就如此。所有分别，并非全出先天禀赋，乃是经过了后天培养，不断教练改造而成。如两人同养一狗，属于同一种类，但经若干年后，此两狗又可不同。在形体上，性格上，智慧才能健康状况上，皆可有不同。此何故，不外一能养，一不能养。能养者乃能尽狗之性，不能养者则不能尽狗之性。某一人所养，能获到十分成绩。另一人所养，则只养到二三分乃至七八分。此只在能尽性与不能尽性上。

又如狼狗与狼狗交配，所生是纯种的小狼狗。但若狼狗与别种狗交配，所生便为杂种。若漫不加意，杂又加杂，只要三五代，便再不是一狼狗，已是变了种，而又不成种，只成一野狗，此亦人所共知。可见狗之成种，都由后天培养，并不能专赖先天禀赋。失去培养，即会退化。故狗之成为各式各样的品种，而具有各式各样的性格。有上品、有中品、有下品；有贵种、有普通种、有杂种。只经识者一眼，便能知道。而每一种之来历，可能已培养了几百年乃至千年以上的历史。若想在短时期培养一新品种，期望其能具新性格，此事大不易。

以上只举狗为例，其他动物植物，莫不如此。人为万物之灵，所以人更须培养，更须训练。而人与人间，亦有各异的品种，各异的性格。不过人在品种性格上之变迁，应较其他动物为易。孔子说："性相近也，习相远也。唯上智与下愚不移。"可见只要后天培养，所谓"习与性成"，其不易变迁的，则只是少数中之少数。

但如我上讲狗的方面，西方人比较易接受。讲人的方面，则不然。因只有中国人,在此方面较看重,西方人则另有别一看法。中国文化积有五千年的传统。西方文化,至少也已三千年以上,宜乎中西双方人之品种性格,可有不同。此都是双方几千年文化传统所影响。培养成人,其事不易。但特别看重在人之品格与性情的,则只有中国人。

五

中国人把人分作圣人、贤人、善人、君子与小人、恶人,甚至至今还骂人不是人。同样是圆颅方趾,同样是顶天立地,天赋人权,人人平等,为何可以骂人"不是人"?又说是"衣冠禽兽"。此等地方,中西观念实有不同。若讲到人之事业与其日常生活,双方易相接近。但在性情方面,则中国人自有一番讲究,经过长时期文化陶冶,骤然间想要变成一西方人固不易,而要使一西方人骤然变成一中国人亦困难。一个中国人,去外国三五年,成一事业有成就的新人物,其事易。但内在性情则不易改,他将仍为一中国人,若其事业性情,不相配合,不相协调,便会产生苦痛。此层若更往里讲,可能使诸位感到有些过分。但诸位不妨权当把此一问题,在诸位所见闻所亲历之真实人生中去求了解。

所以我认为中国人最好的发展,还是应该让他仍做一中国人,保留中国传统中所看重的"性格"与"品种"的观念。纵使西方人不讲究到这些上,但要使拉丁人、条顿人、斯拉夫人三方互易，其事甚难。又要使欧洲人转变为阿拉伯人、印度人、非洲人，事更不易。其间果是有天时地理等种种关系，但更重要的，乃是文化关系，乃是人类经历了长时期的后天培养之关系。若我们一意要模仿外国，从事业上更深透进到性情上，至少在人生之一体两面中，要削去一面，只留一面，此是大问题，深值研讨。

六

如上所说，我们中国人先该认识如何才是一中国人。此层大不易讲。但已如箭在弦上，不得不发，我只有挑选一条比较简单直捷的路，为此问题，略作申论，以待诸位之继续寻求。

我认为要在某一文化体系中，了解其人生而又能深入到其内心深处之性情方面，其事莫要于先从其文学与艺术着眼。因此二者，最足表显出人之性情，亦是由人之性情之所透露而创出。今试把中西双方人生，从其文学艺术中，拈出几项相异点作一比较。

（一）淡与浓

在滋味与色彩上，有"淡"与"浓"之别。把来作譬喻讲人生，中国人比较注重在"求淡"。如说："君子之交淡如水，小人之交浓于酒。"又说"淡泊明志"，又说"淡雅高淡""淡于名利"。过一种恬淡人生，此为中国人之理想。西方人似乎比较喜欢浓。双方在文学艺术上，都可看出此一分别。如中国平剧，虽重忠、孝、节、烈，但演来却有一种恬淡之味，叫人欣赏，能使人心气和平。西方话剧乃至电影，则要刺激人的成分多过叫人欣赏的成分。若在夜间看中国平剧，回来即可入睡，看西方电影，回来可以睡不着。"淡"与"浓"，是中西人生一大分别。但现代的中国人自然也多偏向后者了。

（二）静与躁

从前多有人主张，中国文化主静，西方文化主动，其实动中有静，静中有动，不能严格分开。只有"静"与"躁"可以对立。我们说"静为躁君"，又说"稍安毋躁"。今说静，是"安静"，躁是"躁动"；中国人生比较地安静，西方比较地躁动。一农村与一商业码头，形形色色，显见静躁之别。报载一美国人驾驶汽车，后座一美国人，一中国人。美国人嚷着要快驶，要超车，中国人主张不妨慢一些。此虽小节，可以喻大。今天则西风压倒了东风，向前进取，革命冒险奋斗努力种种呼声，其实总有些"躁"的意味。诸君应凭此两字在文学艺术中深深体会，乃可在陶冶性情上有帮助。

（三）藏与露

此亦可说为深与浅。"深藏"与"浅露"，又是一大分别。中国人比较不喜炫耀暴露。所以说："大智若愚，良贾深藏若虚。"又说："万人如海一身藏。"西方人喜露，喜表现。商品放橱窗中，还要加以装饰，招惹人看。亦更没有不作广告之商业。此风传染到一切商业化，政府学校也重宣传；政治家、学者，亦要注重自我表现，迹近商人化。其实此种分歧，已在双方文学艺术中深植根基。

（四）平与奇

此亦可称为"平常"与"奇险"。中国人总是爱平常，西方人则比较爱奇险。此亦表现在双方文学艺术中。今天西风东渐，平平常常的人生，受人厌弃。人人要出奇制胜，人人愿履险如夷。没有曲折中横生曲折，没有问题中挑出问题，没有刺激中添上刺激。我们现代新小说的新人生全如此，而我们的新人生，也几乎全可入新小说。艺术亦然。古人用尽工夫，要人见若平常。今人尽求不平常，一派奇险，却可省用工夫。

七

上面只举了四点，但由此可以牵连到其他方面，不烦一一详说。在我并不要说中国的好，西方的不好，只要指出双方有不同。即从外形看，中国人脸部较为平面化，西方人高鼻深眼，比较立体化。哪能叫中国人全似西方人。我也并不说西方电影不好看，无可动人处。但若我们能来一套纯正中国风格的电影，能具有淡静深藏，平平常常的特性，至少亦会受人欣赏，而且必然会直扣心弦，在中国人内心深处发生感动。

今天大家写白话文，我也不反对。但白话与文言之分，并不即可算是文学上的新旧之别。若尽把西方文学中的观点来移作我们文学的题材，尽把西方文学的风格来变成中国文学之体貌，在我看来，似乎此事大可商榷。我总认为中国人应在其自己文化传统之下，即在自己这一套历经四五千年文化陶冶而成之特有性情之下，自求出路。其最主要的任务，却该交与"文学"与"艺术"两项。要使在此两项中，使我们现代的中国人，一如游子回故乡，又如在明镜前重睹真我面目。要能发掘得我们的自我性情，然后从性情发为事业，从性情创出人生，那才是我们当前应有的理想。

若能执两用中，在西方人生中，精择其好的一部分，吸收过来，使中国人生多获新刺激，新注射，而有其新生机，新开展，那自然更好。然而此事绝非轻易急速可冀。若尽是邯郸学步，东施效颦，先把自己失掉了来模仿人家，又能如何般模仿。而且先要把自己丢掉，将使自己性情已不得其安，而专一着眼在事业上，此将如沙上筑塔，水中捞月，最近一百年来之演变，岂还不够引起我们的警惕吗？

今天我说话已多，临了再作一总结，奉劝诸位，莫要太看了外面事业，而忽略了内部性情。性情也不是生来就如此，便可满足，须注意后天培养。从个人言，各该当心不断自修自养。从大群言，中国人性情，已经四五千年长期文化陶冶，即四五千年之后天培养，而成为今天的中国人。我们要认识中国人性情来培养我们自己性情，最好能注意一些中国的文学与艺术。这不是要诸位都来做文学家与艺术家，乃是要诸位从文学与艺术之园地中多所采撷，来帮助自己作人生的修养。事业是公开的，性情是秘密的。人生精髓所在，乃在此不公开的秘密部分。天地至大，万物至博，人生最高真理，乃在各自完成其一"我"。西方人所谓自由、独立、博爱、平等，皆当由此阐入，才见深处。

我因今天所讲，有关每一人之人生，本想尽量从浅显明白处讲，好使人人领略。但说了这许多话，仍嫌与我原意不符，则请诸位原谅。

（一九七一年六月三日香港大学演讲，
刊载《中央日报》七月二十一二十四日）